[意] 凯碧欧拉·隆巴迪　文
[意] 法比奥·彼得罗尼　摄
徐　焰　译

中国摄影出版社
China Photographic Publishing House

……传来一阵敲门声，高级侍者托着盛满各色茶点的托盘进来，将茶托放在小巧精致的日式小茶桌上。杯碟碰撞发出“叮叮当当”的清脆响声，纹饰精美的乔治王时代的茶壶“嘶嘶”作响，侍者端上来两只精致的球形瓷器——碟子，道林·格雷移步过去，斟了一杯茶。

奥斯卡·王尔德
《道林·格雷的画像》

目 录

前　言

在我一发不可收拾地爱上茶之前，咖啡是我的最爱。不管是咖啡馆里上的茶，还是家里冲泡的茶，我都不屑一顾。然而，有一天，我突然领略了茶的纯粹、茶的世界，真是别有洞天。

我便不可救药地爱上了这种神奇的饮品与茶道，茶香的变幻莫测是对我最初的吸引，也是最大的吸引。每一次，我去茶园，或者品尝新茶，总能品味出不同的清香，妙不可言。我很享受这样的感觉——初到一处，啜饮几口茶，便能领略一方山水的精髓；一杯清茶，几多热忱、几多欢乐，让游子驻足片刻，闲聊家常，分享心得。

茶领你踏上探索遥远国度的礼仪与文化之旅；这非凡的茶饮，让你一辈子也饮不够、道不尽。

在国外旅行，除了意大利人觉得茶有点儿过时，在其他国家喝茶十分流行。在旅途中，我结识了两位茶叶界的专业人士，有种相见恨晚的感觉，对茶叶的共同愿景，使我想要传播茶饮的当代魅力之欲望油然而生。然后，这本书就问世了，其纯净、清新的美感，通过美丽的画面和高级精致的茶品、茶具、茶艺，精美绝伦地诠释了我对茶之世界的见解，真可谓是天衣无缝、相得益彰。

本书花了许多笔墨来描述多姿多彩的茶世界，从复杂的专业术语入手，主要是为了澄清许多有关茶叶的不准确的、自相矛盾的信息。因此，本书的目标是为了提供简单、直观，且又准确无误的茶的信息，唤起人们对纯粹的茶叶世界的好奇心和兴趣，无论是茶痴、茶叶鉴赏家和茶界专业人士以及最近才迷上茶的新手们。

简单介绍了茶叶的历史之后，我们会讨论茶叶的植物学、化学成分，以及茶叶起到的养生作用；接下来会描述每一种茶叶的冲泡技巧和理想的茶具与茶点搭配。即使是顶级的茶叶，如果冲泡不当，也难以发挥其最佳品质，因此，我们要坚持传统的、千锤百炼得出的正确的冲泡方式。当然，品茶者不同，口感也会不同。但是，通过学习，可以掌握正确的冲泡方式；而正确的冲泡方式也是评定茶叶质量的重要标准。

每一个茶系都有品质卓越的茶，书中这些美丽的图片，恰如一份华美的请柬，盛情邀请人们去发现，每个人一生至少要去品味一次茶中珍品。

茶道关乎放松身心、享受乐趣，因此，每一种茶都有相应的最佳茶食搭配，以茶入食演绎出美味的茶点食谱。最后，我想说的是，写这本书，还有一个小小的心愿，就是希望不再听到“我不喜欢喝茶”之类的话。我相信，每个人都会找到一款适合自己的茶，会为你开启一片感官体验的新天地。请步入茶的世界去发现那款只属于你自己、让你一见倾心的茶。

茶文化的起源与发展

茶叶的历史古老悠久，每个国家都有不同的茶叶起源的传说，其中最著名的是中国关于神农氏发现茶叶的故事。神农氏是中国稼穑与药业的始祖，他很讲究卫生，只喝煮沸的水。相传在公元前2737年，有一天，神农氏正在烧水，旁边茶树上有几片叶子飘进烧水的锅里，水中泛起一片金黄。神农氏惊呼道："此乃上苍所赐，以抚慰我等心灵。"他品尝了锅中之水，茶饮就此诞生了。印度流传的茶的传说却认为茶是南印度国香至王的儿子菩提达摩发现的。达摩王子皈依佛教，到中国来传播佛教，他曾起誓七年不眠进行冥想，五年之后，他疲惫不堪，摘了一片树丛上的叶子来咀嚼提神，帮助自己保持不眠不休的状态，这让他提神醒脑的神奇树叶，当然就是茶叶了！而日本的佛教徒对茶的起源又有另外一番说法，相传菩提达摩不眠不休三年之后，困得睡着了，梦见了自己年轻时候钟情的女子；睡醒之后，他很厌恶自己，割下自己的眼皮扔了出去，刹那间冒出一丛野生灌木，其叶子能够制作成提神的饮品，让人精力旺盛，能够使人在漫长的打坐期间保持清醒。

暂且把各种传说搁置一边不谈，茶的确是中国为人类文明做出的重大贡献之一。毫无疑问，中国是茶叶的原产地国家，是中国人首先发现并且使用茶叶的。千百年来，喝茶的习俗兴起了一个庞大的产业，也形成了精致而又多样的茶文化，传遍全球。茶的历史漫长复杂，值得专门撰文细细阐述。由于篇幅的限制，本书只是简要概述茶叶传播过程中的几个主要阶段，以及茶在中国的使用。

唐朝以前的时期　茶文化的起源

自古以来，中国人一直有喝茶的习惯。茶叶原产于中国、老挝和缅甸接壤的地区。根据史料记载，早在公元前11世纪时，茶叶就已入药，茶树属"土"，在中草药中"土"表示有治疗效果。中国人认为云南的西双版纳地区是茶叶的发源地，时至今日，这一地区依然还有许多野生茶树。公元4世纪，在云南和四川出现了第一批茶叶种植园。最初，只有在中国西南部的古代巴蜀，人们才喝茶；随着贸易与文化交流日益增多，喝茶也传播到长江流域和中原地区。在魏晋南北朝时期，经济文化交流更加频繁，南北统一，茶文化悄然兴起。湖南长沙和茶陵在汉朝时成为产茶中心。

唐朝　茶文化的发展

盛世唐朝（公元 618~907 年），经济强大、文化繁荣。历史学家认为：茶在今天是很普通的日常饮品，但是，在唐代，茶却是一件相当时髦的新事物，当时受到人们的热情追捧，到宋代，茶叶进入繁荣时期。在唐代，茶叶开始风靡中国的北方，其原因是佛教禅宗的诞生与传播。禅宗信徒夜晚要禁食不眠，但是允许喝茶；禅宗信徒日益增多之后，喝茶提神蔚然成风。另外一个原因是，茶叶作为贡品向皇帝进贡，所以盛唐时期茶文化蓬勃发展。陆羽所著的享誉中外的《茶经》，问世于唐代，这是第一部关于茶叶的专著，是茶叶发展历史上里程碑式的经典之作。

陆羽（公元 733~804 年）被尊崇为茶圣，他一生致力于茶叶的研究。根据前辈们流传下来的学术著作以及他自己广泛的调研，陆羽对茶的历史、生产加工以及品茶等方面，进行了广泛阐述，他的第一本专著将品茶提升到一种艺术性的高度。

这一时期已经出现了很多的茶叶品种，当时的茶以"茶饼"形式为主，冲泡方式一般是煮茶；在唐代的宫廷里，已经出现了引人入胜的茶艺和专门的茶具。

公元 641 年，文成公主把茶叶作为嫁妆的一部分，带入西藏。从那时起，中国边境地区兴起大量的茶叶贸易，茶叶作为珍贵资产传入东北和东南地区开启了茶叶换马匹的贸易，历经唐、宋、明、清，千年不衰。生活在青藏高原上的藏民，以食用酥油、牛肉和羊肉为主，他们非常乐意购买茶叶，一来可以助消化，二来喝茶能够让他们暖身。西藏地区不出产茶，而平原地区盛产茶叶，但是缺少马匹。茶马古道源源不断地将产自西藏的骡、马、毛皮以及藏药运出来，又将四川、云南和中原地区的物品，诸如茶叶、服装、盐和日常用品等运进西藏。

宋朝　茶文化的鼎盛

宋朝（公元 960~1279 年）的茶文化极其发达，朝着精致、奢华的方向迈进。宋代重民生，轻军事，文人雅士竞风流，茶礼方面的重要著作相继问世。宋徽宗赵佶（公元 1082~1135 年）撰写了著名的《大观茶论》，对宋代盛行的精致的茶道礼仪进行了非常详细且权威的描述。

宋代的泡茶方式是用沸水将茶叶煮成茶汤，属于典型的唐代泡茶方式，这一泡茶方式既要讲究艺术性，又需要高超的泡茶技巧：茶饼碾碎放入茶碗中，采用沸水点冲的方式冲泡茶碗中的茶叶，再用特制的"茶筅"搅拌茶汤。

宋代的茶叶，一个特点是茶叶被制作成龙凤茶饼，而生产龙凤茶饼的模具各异，多达4000多种，茶叶产业可谓规模庞大。

宋代茶文化的另外一个显著特点是举办各种泡茶、上茶的斗茶比赛，达官贵人、文人雅士和市井百姓都热衷于斗茶比赛。斗茶比赛，风靡一时，大量的品茶专用器皿应运而生，黑釉盏是当时最典型的泡茶器皿。

这一时期，大大小小的茶馆遍布，茶叶既是经济、文化繁荣的产物，也是日常生活的重要组成部分。一些茶馆，除了提供珍贵的茶饮之外，还出售各式服装、书画作品，用美丽的花草和著名艺术家的书画作品来装饰茶室。南宋时期，日本僧人圆尔辩圆和南浦绍明分别于公元1235年和公元1259年东渡来浙江学习佛教，他们回国的时候，把茶籽和茶道带回了日本。

荣西是日本著名的僧人，公元1699年和1187年，他先后两次到中国学习佛教，并且将茶籽和茶艺带回日本。他后来写了一本书《喫茶养生记》，是日本历史上第一部关于茶叶的专著。直到今天，日本的茶道依然是沿用中国宋代盛行的茶粉，以及“茶筅”搅茶的技巧为基础的。

明朝 茶文化与返璞归真

进入明朝（公元1368~1644年），品茶艺术发生了重大变化。用沸水冲泡茶叶的方法取代了唐代和宋代通行的煮茶或者冲泡茶粉的方法。公元1391年，明太祖颁布了一道诏书，允许散装茶叶代替茶饼进贡，因为在那时候，散装茶叶日益受人青睐，散装的茶叶简单又纯粹，还能够很好地保留茶叶的自然风味。斗茶的习俗不再盛行，因为不再使用茶粉冲泡茶汤，很多茶具器皿，诸如金属臼、石臼、茶炉、炉灶和茶筅都被弃用了，取而代之的是紫砂茶具和瓷器茶壶。在明代中期，江苏省的宜兴发现了一种非常细腻、渗透性强、富含铁质的黏土，从那以后，最好的茶壶都是用这种黏土制成的紫砂茶壶，有助于提升茶的天然风味。

在明代，君主专制和中央集权登峰造极，使得许多知识分子和艺术家难以施展自己的才华。因此，他们转向其他活动，诸如出游、赏乐、下棋、作画、研习书法，所有这些活动，都可以喝茶助兴。明代的许多茶叶专家实际上都是赫赫有名的学者，他们撰写了50多本关于茶的专著，代代流传。

清朝　茶文化的普及

在清代（公元 1644~1911）早期，茶叶传向世界各地。中国茶叶出口迅速增加，1886 年达到了创纪录的产量 13.41 万吨。中国茶叶垄断了世界市场，但是，不久之后，中国的茶叶出口量显著下降，因为中国失去了在印度、斯里兰卡、印度尼西亚、日本等国的市场，茶叶种植已经在这些国家扎下了根。在清代，中国的茶文化成为家庭生活的一部分，中国茶道也渐渐传遍西方世界。

茶馆如同雨后春笋般遍及中国，喝茶极为流行。无论是在农村还是城市，公共茶馆成了中国老百姓日常生活的重要场所，茶馆兼有会客和娱乐功能，非凡的、多样化的茶馆文化得以迅速发展。

许多茶叶专营店也开始悄然兴起。

20 世纪初，江西、安徽和浙江等地区的茶叶产业突飞猛进，出现了新的茶叶种植与加工技术。1940 年，复旦大学农学院在上海成立了茶叶研究系，开设出第一门茶叶培训专业课程。

茶叶传入欧洲

目前还不清楚将茶叶首先引入欧洲的是葡萄牙人还是荷兰人。葡萄牙人是最先品尝到茶饮的，但是他们财政上依赖于荷兰，将东方的货物进口到欧洲的主要进口商是荷兰人。

最初，茶被装入荷兰商船的底舱来填补装载其他物品之后留下的空间。直到公元 1637 年，荷兰东印度公司觉得茶叶有盈利的潜力，荷兰人很快迷上了喝茶；然后，茶叶占据德国和法国市场；茶叶这一神奇的东方饮料以及茶叶具有保健作用的消息也传到了英国，得到了英国人的青睐。

自从公元 1567 年以来，俄国就通过茶叶之路从中国进口茶叶，而且俄国还原创了自己独特的一套喝茶方法——使用俄式茶壶冲泡茶叶。直到 17 世纪中期，茶叶才传入美国，当时荷兰人建立了一座新的城市——新阿姆斯特丹，就是今天的纽约市。

据称，1855 年，克里米亚战争的狙击兵退伍之后将茶叶带入了意大利。

茶树与茶叶

茶叶的植物学、品种、栽培、采摘与生产

一个世纪以后，罗伯特·福琼发现，所有的茶叶都源于同一株植物：一种常绿灌木，植物学名称是茶树新梢（L.）O. Kuntze。我们想当然地认为茶树是低矮的灌木，然而，如果不加以人工修剪，自然生长的茶树可以高达 33 英尺（10 米），树冠达到 49 英尺（15 米）。在云南，有许多古老的野生茶树，其中最古老的茶树树龄已经长达 2700~3200 年。

据史书记载，公元 4 世纪，最早的人工种植茶园在云南和四川出现。从那时起，茶树被不断地人工“驯化”——将高大的野生茶树培植成为矮小的灌木，从而便于茶叶的采摘。

茶树要修剪成蓬松的灌木丛，这样可以优化树冠，从而最大限度地提高茶叶叶片的数量。

事实上，修剪掉茶树树冠上的芽叶，茶树就会向外生长，而不是向上生长。

茶叶的叶片很简单，呈对称型，叶片轮廓呈椭圆形或者细长形，边缘有锯齿，叶子中间有一条叶脉。

过去，茶树是通过茶籽自然育苗生长的，但是现在更青睐用茶树枝条进行扦插，枝条与亲本具有完全相同的 DNA。另一方面，每一粒茶籽都各不相同，因此，每一株新茶树的遗传

组成与其亲本也会有所不同。当一株亲本植物——即直接从茶籽生长出来的茶树——到生长最旺盛的时候，其枝条就可以用来进行扦插了。

茶树扦插的原因各不相同——可能某个品种的茶树适合在某种气候条件下生长，也可能是某个品种的茶树能够抵御虫害，或者只是这种茶树的产量高，或者某个品种能够生产出高品质的茶叶。茶树扦插能够保证生产水平的稳定性。

茶苗从亲本茶树上切割下来，插入土壤中，直到发出根芽；新的茶树长到约 8 英寸（15~20 厘米），就可以进行移植了。

正如前面所述，在中国南方，自古以来就有茶树生长，这得益于有利的天气条件。茶树幼苗的自然生长环境深刻地影响其质量，茶叶的滋味主要受到土壤、水、气候和日照的影响，而这四个要素中，只要有一个要素发生变化，茶的滋味就会改变。生长在热带和亚热带地区，气候温和，湿度、雨水和日照比例适宜，这样的茶树才能生产出最高品质的茶叶。茶树的生长需要透水性良好的酸性土壤、丰沛的雨水、温和的气候和充足的日照时间。

最好的茶叶都产自山区，那里的茶园有着茶叶生长的最佳自然条件，高山茶叶新鲜纯净、茶香绵长、茶汤醇厚。种植在平原地区的茶树，要适当进行遮阴保护，才能够营造出茶树生长的最优条件。

茶叶质量还取决于茶叶采摘的季节，春茶为最佳，春茶的嫩芽呈墨绿色，叶片平整、饱满，水分含量充足，茶香醇厚，抗氧化性强，富有很好的营养成分。

茶树的植物学样本成千上万种，有种说法是天上繁星能穷尽，地上茶叶难数算。

根据茶叶颜色方面的不同，茶树的植物学样本大致可以分为六大类（绿茶、白茶、黄茶、青茶、红茶和黑茶）；根据采摘的季节不同，分为春茶、夏茶和秋茶；根据产地的不同，还可以分为高山茶和平原茶。

而且，茶叶的采摘分为人工采茶和机械采茶，当然人工采茶能够挑选到最佳的茶叶嫩芽和嫩叶。

像其他热带植物一样，茶树要经过生长与休眠交替进行的阶段。在生长阶段，枝条发芽，茶叶的嫩芽和叶片被精心采摘、加工。不像其他集约化种植的作物那样，茶叶在收获季节只采摘茶树的叶子，不理会茶果、茶花或者种子。在日本，茶树一年采摘四次；而非洲的气候终年没有明显变化，一年可以多次采摘茶叶。

茶农可以选择使用不同类型的采摘方式，不同的采摘方式会决定最终产品的质量：

- 芽心
- 一芽一叶
- 一芽二叶
- 一芽三叶
- 一芽四叶和一芽五叶。

在劳动力成本过高的国家（比如日本），机械采茶或者半机械采茶的应用相当广泛。机械采茶一般用于收割标准或者质量较差的茶叶，而这些茶叶主要用于大规模生产茶包（印度主要是对茶叶进行压碎、撕裂和揉卷）。

茶叶的化学成分

根据茶叶加工过程中发生的化学反应，茶叶被分类为：

- 非氧化（绿茶）
- 氧化（白茶、黄茶、青茶和红茶）
- 发酵（中国黑茶和普洱茶）
- 氧化是指物质与氧气发生的一种化学反应；与氧化不同，发酵是通过茶叶上的酵母菌和细菌进行的。

茶叶含有：

- 儿茶素（绿茶含有很高的绿茶多酚ECGC，是强抗氧化剂，可以对抗衰老和清除人体内自由基）；
- 氧化的多酚类（完全氧化的茶叶中含有茶黄素和茶红素，比儿茶素的保护作用略弱）；
- 生物碱（咖啡因、可可碱、茶碱，这些物质能够改善大脑功能，使得注意力更加集中，兼有助消化、利尿、扩张血管的作用；咖啡因在茶水中比在咖啡中释放得更加缓慢，因为茶叶中的咖啡因往往受到茶多酚的制约——所以咖啡被视为提神剂，而茶却能让人精神焕发、神清气爽）；
- 氨基酸（细胞更新必需的蛋白成分）；
- 水、糖以及重要的维生素，诸如维生素A、B、C、E和K；
- 矿物质（例如钙、镁、锰、钾、氟和锌）；
- 葡糖苷（能够使茶叶中的芳香元素挥发出来）。

茶叶的药用功效

中国传统中医推荐，要保持健康，每日至少喝茶三杯。

2012年9月19日，在纽约举办了“第五届茶与人类健康国际科学研讨会”，展示了新的国际研究成果，揭示了茶叶中所含的有益健康的主要物质。

茶叶中的茶多酚，是强有力的抗氧化剂，可以有效地清除自由基，人体正常的细胞代谢、辐射、抽烟、污染、紫外线、情绪和身体的压力、化学添加剂、细菌和病毒等都会产生自由基。

尽管喝茶不能代替饮食中的水果和蔬菜，但是科学研究表明，茶叶里抗氧化剂的比例非常高，比绝大部分富含抗氧化剂成分的产品高得多。两杯茶所含的抗氧化活性物等于7杯橙汁、5个中等大小的洋葱或者4个中等大小的苹果。

更具体地说，茶多酚：

- 具有抗癌特性；喝茶的人比不喝茶的人得癌症的概率要低；
- 具有强大的消炎作用，能够有效降低心血管疾病发生的风险，尤其是心脏疾病和中风；
- 其抗氧化性可以中和自由基；
- 通过减少脂肪的吸收来刺激新陈代谢，有利于控制体重；
- 降低胆固醇和血糖水平；
- 增强免疫系统；
- 预防骨密度降低；
- 降低因为抽烟引起的身体一般性损伤和肺部损伤；
- 预防龋齿，保护牙齿；
- 保护皮肤，防止阳光照射对皮肤的损伤；
- 对消化系统和肠道有消炎作用。

刺激中枢神经系统的咖啡因和其他物质，也对人体产生有益的效果，特别是具有提高注意力、助消化和利尿的作用。

茶叶中的氨基酸——氨酸可以缓解经前综合证相关的压力和焦虑。最近的研究表明，茶氨酸还能提高注意力，有助于身体的放松和改善睡眠。

茶叶的品鉴

茶叶的颜色分类

长期以来，人们想当然地认为绿茶和红茶产自于两种不同的茶树，这种观点在西方尤其显著。事实上，茶树就只有一种，学名叫 Camellia sinensis，茶叶之所以品种繁多，其实是由于产地气候条件、采摘方法和加工技术的不同等等因素造成的。在中国，根据茶叶的颜色和冲泡后茶汤的颜色，传统上将茶叶分为六大类。按照茶叶颜色分类，茶叶可以分成以下几大类别：

绿茶

白茶

黄茶

青茶

红茶

黑茶

每个大类还包含了种类繁多、差别巨大的不同茶叶，开启了一个纷繁的、独特的感官体验的世界，等待你去探索发现。

事实上，这六大类只是宽泛的分类，有点类似于西方将葡萄酒泛泛地分为红葡萄酒、白葡萄酒和桃红葡萄酒。

茶叶的品质鉴别、茶叶的分级和相关术语

世界各地出产的茶叶有 3000 多种，加工方法不同，茶叶产品也各不相同。

在本书中，我们将涉及每一个大类的制茶工艺。在每章中，我们将对茶叶质量的评估方法、术语等内容进行概括论述。

一般而言，根据对茶叶的外观和冲泡后的茶汤颜色进行目测，再通过尝茶味、闻茶香，对茶叶进行评估。

茶叶的外观评估，主要是通过观察叶形紧实、纤细、色泽鲜亮程度、纯净程度等几个方面来进行。

茶叶经过完整的加工周期，干燥之后，根据其外观和类型，由专家对其质量进行评估分类。

第一个显著的区别基于叶片外形，分类如下：叶茶（全叶）、碎茶（碎叶）、片茶（叶子切碎，一般用于制作茶包）。对特定的茶叶品种，茶叶叶片的大小或者芽叶数量基本一致，是非常重要的，因为在冲泡过程中，茶叶叶片的大小不同，释放出的香气、茶汤的颜色和醇厚程度都会有所不同。叶片越小，冲泡需要的时间越短；而叶片越大，冲泡需要的时间就越长。

下列术语是用于茶叶的叶片分类的，创建这些术语的目的是为了茶叶等级评定有国际化的标准。

FOP：艳橙白毫

这一术语表明茶叶是由顶梢的芽和每个新枝上的第一片叶子所制成，幼嫩的芽叶保证高品质的茶叶。

GFOP：金艳橙白毫

这是 FOP 等级下带有金色毫尖制成的茶叶，即纤细的顶梢金黄色的嫩芽。

TGFOP：显毫花橙黄白毫，是带有大量的金色毫尖的花橙黄白毫。

FTGFOP：精制花橙黄白毫，这是顶级的花橙黄白毫。

SFTGFOP：特制花橙黄白毫，这是最好的花橙黄白毫。

这些缩写的后面还可以加上数字 1，表示一流的质量：例如 FTGFOP1。

橙黄白毫（OP）之前加上字母 B，表示碎茶。

字母 F 表示切碎的茶叶（片茶）。

最后，小于 0.05 英寸（1.5 毫米）的尺寸的茶叶被归类为“末茶”，是采用压碎、撕裂、揉卷的方法生产的。

根据冲泡出的汤色、香气、滋味，来判断特定的茶叶质量的内在性质。第一步是观察汤色——识别汤色属于哪种类型，又称茶汤的“颜色”；接下来是嗅觉评估，确定香气是否浓郁、持久；最后是品尝茶汤的滋味——丰富或细腻、醇厚或淡薄、甘甜或苦涩、新茶或陈茶。

先看干茶叶的外观形状，冲泡之后，再评估叶底是否柔软、色泽是否清亮、叶芽是否完整。

然后，由专家通过感官感受并借助各种技术工具和手段，如茶碟、茶杯和茶碗等，对茶叶的等级和价值进行评定。相关品茶的程序，我们在专业品茶一章中，有具体的描述。

泡茶的艺术

欧洲与东方泡茶方式的比较

谈到泡茶的艺术，最常见的问题是：多少量和多长时间——其实，我们很快会发现，这两个问题很难回答，因为要泡好一杯茶，需要考虑几个不同的要素。

全世界有两大主要的泡茶传统：中式茶和英式茶。

这两大派别的基本规则可以总结如下：

· 英式泡茶方式（西式茶）：少量茶叶，长时间冲泡，只冲泡一次；

· 中式泡茶方式（东方茶）：较多茶叶，冲泡时间短，多次冲泡。

诚然，关键点不在于哪种冲泡方式更好，而在于不同的冲泡时间能够最好地发挥出不同茶叶的特性。

备茶、品茶的几大要素

要想冲泡出一盅绝佳的好茶，备茶、泡茶的不同阶段都各有诀窍，蕴含着成功的秘诀。

首先要购买到优质的茶叶，但是，一盅好茶，仅仅只有好茶叶是远远不够的。如果冲泡不当就会毁掉好茶叶，或者无法让茶叶释放出其本来具备的清香。

泡茶看似很简单：从外在形式来看，杯中放入干茶叶，倒入热水，等几分钟，一盅茶就泡好了。可是，冲泡出来的茶汤，往往不是太黑，就是太酸，或者太苦、太浓，反正就是不好喝，必须得加点糖、牛奶、柠檬或者蜂蜜，才能改善其口感。出现这样的效果，先别责怪茶叶的质量不够好，学几招泡茶技巧，冲泡出来的茶口感就会得到提升，说不定还能喝到令人惊叹的、质量上乘的茶饮。

泡茶的时候，要记住你自己的喜好和钟爱的口味，一旦你选择了一种优质茶叶，大胆探索一下，试试采用不同的冲泡步骤，直到泡出你完全满意的茶汤。

要泡出一盅好茶，关键在于掌握以下的要领。

水的重要性

泡茶用的水与茶叶的质量一样重要。

茶汤的色泽和香味取决于泡茶所用的水质。

对冲泡出来的茶汤进行评估，很显然，优质的水能够提升茶叶的品质；而劣质的水，哪怕是顶级的茶叶，也难沏出一盅好茶。

在《茶经》中，陆羽推荐泡茶的水最好使用与滋养茶树的水相同的水源。如果无法获取同质的水，那就采用矿泉水或者泉水。最重要的是，泡茶用水必须是纯净、无臭、无色、弱酸性（pH 值小于 7）的软性水（水的软硬度用“德国度”来表示），并且带有最低的矿物含量（干残渣＜50 毫克／升）。

水的温度

要想泡出你喜爱的茶，可以考虑使用带温度控制的烧水壶。除非因为卫生原因，泡茶的水不应该煮沸，煮沸的水会失去氧含量。在冲泡时，茶叶中的芳香成分转化为气体状态，泡茶用的水中的氧含量起到关键性的作用，用氧含量低的水泡茶，茶叶中的芳香成分会变成难闻的气味；而且，水煮沸之后，水中的矿物质会在水的表面形成一层薄薄的膜，影响水与茶叶发生良性的反应。

控制水的温度和其他的基本参数，有助于避免泡茶中出现的错误，使得茶汤中的鞣酸、氨基酸、矿物质和芳香化合物之间保持良好的平衡。水的温度过高会“烫熟”茶叶，破坏茶叶中的氨基酸和芳香化合物，也会加速茶多酚的溶解，使得茶汤苦涩发酸。当然，泡茶的水温也不宜过低，否则茶叶无法让炒制过的茶叶完全舒展开，这样冲泡出来的茶汤，也达不到平衡状态。有一些茶叶加工时揉卷得很紧，诸如乌龙茶；还有一些压紧的砖茶，泡茶的水温要求滚开，让茶叶能够慢慢软化舒展。

一般而言，泡茶的水温为：

- 70~85℃的水温适合冲泡日本绿茶以及所有其他纤细、柔嫩的新茶；
- 80~85℃的水温适合冲泡绿茶、黄茶和白茶；
- 85~90℃的水温适合冲泡带嫩芽的红茶和大吉岭春茶；
- 85~95℃的水温适合冲泡乌龙茶或者揉捻茶；
- 90~98℃的水温适合冲泡发酵的、压缩的印度黑茶或者锡兰茶。

冲泡时间

冲泡时间作为参数指标是最具争议的。

冲泡时间主要根据品茶者的个人喜好而定，有人偏爱清淡的茶汤，也有人喜欢醇厚的茶汤。相对于普通品质茶叶而言，高品质的茶叶，冲泡时间需要稍短一些。茶叶是否新鲜也非常关键：鲜嫩的春茶或者芽头，冲泡时间需要更短一些。

茶具的选择

用什么样的茶壶泡茶，其实并没有什么对错之分。英式或中式，两种泡茶方法，也不存在优劣之分。然而，不同的茶叶与不同茶具的搭配，的确能取得相得益彰的效果，能够最佳彰显出茶叶的品质。某些类型的茶，如发酵茶或乌龙茶，采用功夫茶的冲泡方式能够更好地发挥出茶叶的特质，通常冲泡次数的多少，能够体现出这类茶叶的品质。

相比之下，其他类型的茶，可能会需要较长的冲泡时间，才能释放其香味；对这些类型的茶叶，西式的泡茶方式就更有优势了。

茶叶量

诚然，绝对的规则是不存在的。相反，茶界分为两大学派：东方派和西方派。东方派强调冲泡时间短，使用的茶叶量相对更多；而西方派则强调使用较少的茶叶量，一次冲泡相当长的时间。

对东方派而言，用宜兴茶壶或者盖碗茶这类容量较小的茶具泡茶，干茶叶的用量相对也比较少；泡功夫茶，茶叶的比例一般占茶壶或者茶碗的三分之一或者一半。150毫升容量的茶杯，泡2/3杯的茶汤，大概需要5~6克茶叶。

对西方派而言，采用同样大小的茶杯，茶叶量大约要减少一半。茶叶与水的比例大约是1:5至1:7，因此，150毫升的茶杯，泡大半杯的汤茶，茶叶的用量约2~3克。

选择正确的茶具可以提升茶的口感、色泽和茶香。

茶叶的最佳存储方法

茶叶怕光照、怕潮湿、怕异味。为了保持优质茶叶的新鲜度和清香，应该遵循一些简单的茶叶存储原则。首先，千万别将茶叶存放在玻璃器皿或者透明的容器中；更重要的是，发现有这样存放茶叶的卖家，千万别买他的茶叶。优质茶叶，如果存放方式错误，就会失去茶叶的清香。存放茶叶的容器必须是密封性好、不透明的器皿。

茶叶是多孔的，会吸收周围的水分和气味；存放茶叶的容器必须放置在阴凉、通风的环境里，要远离咖啡、奶酪或其他气味强烈的食品。

特级茶叶的存放不能超过一年，要在一年之内喝掉。

俄罗斯茶艺：茶炊

19 世纪以来，随着茶文化在俄罗斯的风靡，茶炊成为俄罗斯家家户户必备的煮茶器皿，也被视为热情好客的象征。

茶炊是一种茶汤壶，有着独特的外观与功能，能够始终保持合适的水温。以前的茶炊是放在火盆上加热，而如今的茶炊大多是钢制的电茶壶，不过也有用银、金、瓷等其他材料制成的茶炊；热水炉的顶部有一个凹槽可以放置茶壶。

- 俄罗斯的茶是浓浓的酽红茶，茶叶与水的比例为 1:1（一半对一半）。
- 茶叶过滤之后，将茶壶放置在茶炊的顶部，汽锅蒸腾出来的水蒸气，使得浓缩茶一直保持温热状态。
- 每当有人想要喝一杯茶，就将大约 1–2 匙浓缩茶倒入杯中，然后打开茶炊上的龙头，加入热水进行冲泡。
- 在喝时可佐以果酱、薄饼、牛奶、陈皮、蜜饯和方糖，这些茶点让苦涩的浓茶夹杂着丝丝的甜蜜。

摩洛哥茶艺：薄荷茶

北非的传统饮品是薄荷水与艾叶水，直到19世纪中叶，茶饮才从英国传入北非。那时候，克里米亚战争威胁到英国通往斯拉夫国家的贸易路线，英国不得不从北非寻找新的贸易线路。茶叶很快风靡摩洛哥。鉴于摩洛哥当地习俗，茶饮里往往添加薄荷、艾蒿和鼠尾草，变成风味独特的混合饮品。

饮用加入薄荷叶的绿茶，已经成为摩洛哥极为重要的日常饮品，商务谈判、家庭生活的重要欢庆时刻、欢迎宾客来访，都会敬上薄荷绿茶。

中国绿茶系列的珠茶，原产于浙江，是摩洛哥和其他阿拉伯国家日常茶饮中使用较多的绿茶品种。

- 制作薄荷绿茶，首先要将水煮沸。在银质或者金属的茶壶里，放入两茶勺珠茶，然后冲入沸水，快速洗茶之后，将水倒掉。
- 添加一把新鲜的薄荷叶和5~7块白色方糖。
- 搅拌之后，让茶叶与薄荷叶浸泡4~5分钟。
- 将茶汤倒入玻璃杯中，然后再倒回茶壶里。
- 如此循环往复三次，让茶壶中所有的成分充分混合均匀。
- 在一只空杯子里，加入一茶匙松子。
- 这种加入松子的薄荷绿茶，在喝时可佐以蜂蜜、椰子、核桃、杏仁和芝麻制成的阿拉伯甜点。

冰镇茶：制作方式

你手头有好品质的茶叶，为朋友聚会准备可口的冰茶，实在是小事一桩，冰镇茶既可以作为餐前开胃饮品，也可以在炎炎夏日消暑解渴。

准备冰镇茶可以用热水冲泡或者用冷水浸泡。

- 使用热水冲泡的茶汤来制作冰镇茶，味道会更浓，回味更持久。准备热水冲泡，150 毫升的茶杯，茶汤为 2/3 杯，茶叶的用量大约在 2~3 克。冲泡的时间比茶叶说明书上的时间长 1 分钟。过滤后，将茶叶倒入装满冰块的调酒器。如果喜欢甜味的冰镇茶（随自己口味喜欢），可以加入一茶勺红糖水。冰镇茶可以倒入红酒杯中，配上新鲜水果。

- 用冷水浸泡出来的冰镇茶，茶汤更加细腻，清澈而又不失茶的清香，入口无苦涩感。如果时间充裕，用冷水浸泡冰镇茶绝对是上佳之选。

  在玻璃冷水壶中放入约 15~18 克茶叶。

  倒入 1000 毫升的冷水或温水，浸泡茶叶。

将玻璃冷水壶放在冰箱里，绿茶大约浸泡 4 个小时，乌龙茶、黑茶或者混合茶大约浸泡 6 个小时。最好不要在室温下进行冲泡，因为干茶叶可能含有以孢子形式存在的细菌。在冷、热温度条件下，孢子是不活跃的。如果在室温条件下，茶叶又浸泡在水里，孢子就有可能被重新激活。

食用前，过滤冰茶，倒入大号葡萄酒杯，并配上新鲜水果。

专业品茶

茶器及评估方式

早在公元8世纪，古代中国就举行过品茶、斗茶比赛。在西方，19世纪末期才出现专业品茶，那时候进口的茶叶，时常出现新茶与陈茶掺杂在一起，甚至还出现茶叶与其他植物叶子混杂在一起的情况。因此，对进口产品必须先进行检测，然后才允许在市场上销售，茶叶公司开始培养专业品茶师和茶叶搅拌工。

专业品茶能够对数量巨大的茶叶进行抽样和比较，根据设定的参数，创建可以评估的通用标准，这些标准可以重复创建。

专业品茶的茶器采用白瓷三件套：一只评茶碗、一只评茶杯（茶柄相对的杯口有一个锯齿形小缺口）和一只杯盖。这组茶器可冲泡少量各种不同的茶，保持茶叶与水的比例恒定不变。专业品茶的目的是比较同一类茶叶的不同样品，这些样品采自不同茶园，然后对每种茶叶样品的品质进行描述。成功的品茶，需要深刻了解所分析的茶叶的一般特点。对比试验将突出茶叶的差异性和相似性，从而选出最优质的茶叶。任何时候，只要进行品茶，始终按照相同的国际化标准，并且始终使用相同的茶器。国际化标准并非是正式的法律，而是一组规则，确定应遵循的品茶的参数——茶器（对重量、直径、弧度、高度、形状、杯盖等均有明确规定）、茶叶量、冲泡时间和水温。对于不同的茶进行对比分析，只有在这些参数均维持不变、唯一的变量为“茶叶类型”的条件下，才是有效可信的。

专业的品茶茶器，是在中国盖碗茶杯的基础上进一步演化而来的。品茶采用的方法是：

1. 将待评估的干茶叶放在茶碟中；

2. 摆放品茶的茶器，包括一只评茶碗、一只评茶杯（与茶柄相对的杯口有一个锯齿形小缺口）、一只杯盖；

3. 将约 2.8 克的茶叶放入评茶杯的底部；

4. 倒入 140 毫升水温为 98℃的热水，盖上杯盖，静置 6 分钟；

5. 冲泡之后，用杯盖紧紧盖住带有锯齿形小缺口的评茶杯，将茶水过滤倒入评茶碗；

6. 开始品茶，分析干茶叶、茶汤和叶底（冲泡后的湿茶叶）。

对于干叶与叶底（冲泡后的湿茶叶），品茶者需要进行的操作：

目测：茶叶的形状与大小、色泽、成分（例如只有嫩芽、有芽头有嫩叶、只有叶片等）、缺陷与瑕疵（如碎叶、污渍、真菌、小枯枝等）。

嗅觉分析：芳香气息。

触觉分析：形状是否一致、易碎度和弹性以及茶叶的柔软性。

对于茶汤，品茶者需要进行的操作：

茶体和质感：根据茶汤的涩感、柔和、滑利、温度、鲜纯等，给出评价。这些触觉体验，口含茶汤，在唇齿之间循环打转，使茶汤与唇舌和上颚都充分接触。

滋味：通过品尝茶汤的滋味（甘、咸、苦、酸、鲜）和茶的质感，给出评判。

嗅闻：用鼻子对茶叶的气味进行检测（通过直接闻香或者泡茶散发后吸入的香气）：令人愉悦的气味称为清香；令人不悦的称为浊气。

芳香（通过品滋味、嗅闻得出的）：由口腔检测（通过间接的嗅觉输入），是品茶的最重要的阶段。

茶　香

原产地的“纯”茶，因为气候条件、土壤的化学成分、开发多年的加工方法等等，会具有其培植品种特有的香气。经过不断地研究，我们能够了解每一类茶的具体特点与茶香的味道。

品茶汤的时候，能够识别出茶叶大类的相应茶香。

不同茶叶大类的茶香并非相互排斥，也可以美妙地交织。

清新味：散发出植物的清新气味，诸如新鲜的刚割过的青草味、干草味、香草味、煮熟的蔬菜的芳香（芦笋、朝鲜蓟、菠菜、西葫芦）、苔藓味、蘑菇味、地衣味、矮树丛味。

果香味：散发出水果的香味，诸如苹果、梨、葡萄、李子、桃、杏、热带水果、柑橘类水果、煮熟的水果（黑樱桃果酱、李子酱）、坚果（红枣、核桃、杏仁、榛子、栗子）。

花香味：散发出鲜花的香味，诸如茉莉、兰花、玫瑰、橙花、牡丹、桂花、山楂、椴树野花。

腥味：散发出水产的味道，诸如海藻、甲壳类动物、鱼皮、软体动物。

木香味：散发出木材的味道，诸如新木材、干木材、雪松、雪茄、树皮、檀香。

“糖果”味：散发出糖果甜食的味道，诸蜂蜜、黄油、奶油、牛奶、糖、香草、巧克力、焦糖。

香脂味：散发出芳香脂植物的香气，诸如松木、树脂、熏香。

辛香味：散发出天然植物香辛料的气味，诸如肉桂、胡椒、肉豆蔻、丁香。

焦味：散发出植物或者动物烤焦的气味，诸如可可、烟熏、烘烤、炙烤。

膻味：散发出动物的膻味，诸如猎物、皮毛、猫尿。

在本节中，我们将提供品茶与评价茶叶质量方面的简明扼要的词汇。此列表不是十分完整，技术上可能也不很准确，一部分原因是因为评茶术语是从不同文化发展而来；尽管如此，英语中还是有通用性的评茶专用术语，每一个评茶师和专家都可以为之做出贡献。

以下是概括性的介绍和一些与茶的世界相关的、不寻常的、生动的用语。

评价茶叶叶片外观的术语

身骨：指茶叶叶子的外观，老嫩程度、肥厚瘦薄、色泽的深浅。一般来说，鲜嫩、肥厚的茶叶是最好的。

茶毫：茶叶嫩芽背面生长的一层细绒毛被称为“白毫”；如果芽头的背面有几个毫尖，称为“茶毫”，颜色可以是金毫、银毫和灰毫。

干茶：未被浸泡的干茶叶。

次茶：茶叶两边切口边缘粗糙，切割不佳。

重实：指茶叶条索或颗粒紧实，以手权衡有重实感。

叶底：倒出茶汤之后浸泡过的茶叶。

茶末：揉卷后的茶叶碎末，一般是低质量的茶叶，用于生产茶包。

芽头：柔嫩的芽尖，背面生长着一层细绒毛，尚未长成完整的展叶。

嫩叶：主要以茶叶的芽头为主，一芽一叶或者一芽两叶，紧圆直，多芽毫，有锋苗。

非匀称叶：形状或厚度不均的叶片。

匀整：茶叶的形状匀称，无论是叶片大小、长短、轻重都很一致。

评价茶叶色泽的术语

青褐：色泽青褐带有灰光。

鲜亮：茶叶色泽明亮、鲜活。

均匀：色泽明亮、一致。

草绿：浅绿色，表示陈茶或质量差的茶叶，或者没有成功抑制住茶叶的酶的活性。

墨绿：色泽匀称，天鹅绒般匀称的深色中泛黑。

翠绿：有光泽的翡翠绿色。

暗淡：茶叶偏老而无光泽时的典型颜色。

花杂：指叶片色泽不匀称、杂乱。

锈色：暗红色、无光泽。

评价茶叶香味的术语

清香：在口腔中感受到弥漫的香气。

馥郁：用鼻子闻到的持久的芬芳之气。

焦香：没有抑制住茶叶酶的活性，或者加热、烘干不当引起的焦味。

幽雅：香气幽雅，不掺杂味。

淡香：优雅清淡的花香味，但没有特别突出的某种花香。

草香：青草与树叶的香味。

甘醇香：一种纯粹的、均衡的香气。

甜香味：甜甜的香气，类似于蜂蜜或糖浆，又有荔枝的香味。

米香：类似天然玉米、爆米花的香味，散发出烤茶的典型香味。

菜香：类似新鲜水煮白菜的气味，这个词经常被用来形容绿茶。

评价茶叶汤色的术语

清亮：茶汤清澈、透亮。

绿艳：丰富的绿色与黄色的色调，鲜艳透明，这是高品质绿茶的颜色。

浑浊：茶汤不清澈，有沉淀物。

金黄：茶汤清澈，黄中带橙，金色的清亮色泽。

绿黄：茶汤绿中微黄。

浅黄：茶汤黄而浅。

茶汤：你喝的茶饮，即为茶汤。

橙色：汤色黄中带红，像成熟的橙子的颜色。

橙红：汤色深黄带红色。

红汤：炒过头的茶叶或者陈茶的汤色，即或浅或暗的红色。

黄绿：汤色黄中带绿。

对茶汤滋味的评判术语

涩：由于非氧化多酚（绿茶中较多）与唾液中的蛋白质反应，能使嘴发干。

苦：一种强烈的苦与酸的香味，能使得味蕾略感迟钝。

鲜爽：一种强烈的、提神的、清新的滋味。

粗涩：一种未成熟的强烈的酸涩味，通常是由于烘干不足造成的。

粗淡：滋味淡薄，带有苦味。

鲜爽：清爽可口，用来表示微酸性的茶，在嘴中留下清新的口感。

味厚：茶汤浓郁、口感饱满

鲜醇：陈香、浓厚；味道浓郁，不甜腻。

青酸：浓而带酸的青草味。

麦芽香：有麦芽香味，是好品质茶的特质之一。

金属味：严重枯萎的茶的典型不悦之味。

持性：茶香在口腔中持久绵长。

七里香：涩而不苦的味道。

纯正细腻：陈香却不过于浓厚。

幽雅：一种微妙的、复杂的滋味和香气。

圆润：口感相对饱满。

半甜：淡淡的甘甜，香气均衡。

烟熏：用烟熏的方式烘干茶叶，带有一种烟熏的香气。

浓郁：深色茶所特有的浓郁、苦中带涩的滋味。

幽香：微妙而复杂的芳香气息。

甜味：略带甘甜却没有涩味。

茶单宁：茶汤中含有丰富的茶单宁酸，或者茶多酚的味道。

无味或者淡薄：受潮的茶有种淡薄、无质感的味道。

鲜味：由味蕾感知的五种基本味道之一（其他分别是甜、咸、苦和酸）。在厨艺中，鲜味常常用来描述味精的味道，在某些日本绿茶中能品尝出鲜味。

醇厚：非常和谐的味道，令人联想起滑润的感觉。

寡薄：冲泡不足导致茶汤口感淡薄。

中国绿茶

绿茶是东方最流行的茶。中国是世界上最大的绿茶生产地，绿茶品种也稳居首位。绿茶约占中国茶叶生产总量的75%；其余的25%主要是红茶、发酵黑茶和乌龙茶；白茶和黄茶是“小众”的产品，所占比例也最小。

世界知名的中国绿茶的传统产地在安徽、浙江和福建。安徽出产的名茶有绿牡丹、黄山毛峰、霍山黄芽、六安瓜片、太平猴魁等；浙江出产珍贵的龙井茶和大量的珠茶，珠茶的质量平平，出口到世界各地；福建省的福州周边地区是茉莉花茶的最高产区。

其他名茶产自云南山区和江苏省，江苏的碧螺春是仅次于龙井茶的优质绿茶。

绿茶的茶叶不经过任何加工处理，从而保持85%以上的茶多酚含量及其天然的绿色。

新采摘下来的鲜茶叶放在竹匾上晾晒，然后根据不同的制作方法，进行干燥（放入炒茶锅炒干，炒茶锅是一种特殊的凹形容器，类似一口巨大的炒菜锅），也可以晒干或者烘干。高温能够阻止酶的活性，从而阻断其自然氧化过程，使茶叶保持绿色，这是优质绿茶加工中最重要的一个步骤，能使绿茶释放出其特有的甜美的花香、栗香与清香。

不同的茶叶产品，后续的加工步骤也大相迳庭。茶叶可以制成不同的形状：卷曲形、条形、扁形、珠形等等。

制茶工艺的最后阶段是干燥，以进一步降低茶叶中的残留水分。这道工序之后，绿茶就可以打包投放市场销售了。

如何准备中国绿茶

绿茶不需要洗茶，把茶叶放入高挑细长的玻璃杯中，直接冲泡，可以欣赏一下茶叶在杯中上下翻转、舒展、参差竖立水中的优美画面。不过，专家认为，最佳的泡茶方式还是使用盖碗，泡出的茶更精致、细腻。盖碗分为三个部分：茶盖、茶碗、茶托。茶盖半开可以挡住茶叶，茶碗可以兼有茶杯、茶壶的功能，茶叶在茶碗中可以多次冲泡；盖碗茶具可以用不同的材料制成，但是，冲泡绿茶还是建议使用玻璃或者陶瓷茶具。

如何使用盖碗茶具

当盖碗茶杯作为茶壶使用时，我们建议进行以下操作：

1. 将盖碗、公道杯和玻璃茶盅放置在茶艺桌上。
2. 水加热到所需要的温度后，将热水倒入盖碗，烫盖。
3. 去水，然后在盖碗中加入适量的茶叶（以大约 1/4 或 1/3 盖碗的茶叶量为宜）。
4. 将热水倒入盖碗，盖上茶盖，静置片刻。
5. 然后将茶汤直接倒入茶盅或者公道杯。

在操作这一步骤的时候，可以使用过滤器，以防止茶叶流入茶盅里。用盖碗泡茶，可以重复泡几次，根据个人口味，泡茶的时间从 20 到 40 秒不等。在准备冲泡下一道茶时，可以闻闻茶盖的内侧，感受一下在多次泡茶过程中，茶香是如何释放、变幻的，增添品茶的乐趣。

中国品茶礼仪简介

在中国，当有人向你敬茶的时候，出于礼貌，你应该食指和中指略微弯曲，指尖捏合在一起，在茶桌上轻轻叩两下，象征古代时的叩谢，以表敬意。这个小小的举动，是为了表示对主人的赞赏与感激之情，其源头可以追溯到清朝乾隆皇帝时代。

乾隆皇帝微服南巡，有一次，来到一家茶馆，茶馆的主人将乾隆皇帝当成了随从，递给他一把茶壶，让他给同行的太监倒茶。太监诚惶诚恐，又不能给皇上叩首，唯恐暴露了皇帝的身份，于是灵机一动，弯起食指与中指，在桌面上轻叩，权且表示行三跪九叩之大礼。后来，这个表示敬意的手势，也在老百姓中间流传开来，“以手代叩”的动作表示对亲朋好友敬茶的谢意。

安吉白茶

类型：绿茶

产地：中国浙江安吉

安吉白茶以产地安吉县命名，白茶产自天目山的山村，那里有成片的白茶茶园。白茶是一种神奇的绿茶品种。

安吉环境优美无污染，竹林环绕，常年云雾缭绕、土壤肥沃，是最适合种植白茶这一独特的品种之地。

在中国，“白”指的是白色的，因此，尽管白茶属于绿茶的一种，该品种也被称为安吉白茶。“白”指的是未经加工前的茶芽的颜色，中国古籍就有记载：相传有一种茶树，其叶白如玉。人们一直把这种说法视为传奇故事，直到20世纪80年代，在安吉附近发现一棵野生古茶树，其叶白如玉，专家们认定这就是古籍中记载的白茶。安吉白茶是采用这种独特的茶树物种的叶子制作而成的。初春时节，当气温还没有升高到将茶叶的叶子催成绿色之前，白茶的鲜叶就被采摘下来了。

安吉白茶含有丰富的氨基酸，其含量几乎比其他绿茶高出两倍多，还具有镇静、减压的功效。

品茶心得

干叶：手工炒制，茶芽挺直略扁，形如兰蕙。

茶汤：汤色浅黄、清澈明亮；入口鲜爽细腻、香气清雅持久，带有一丝兰花的清香，令人神清气爽。

叶底：嫩芽为浅绿色，接近白色；手工采摘收获方式能获取一芽一叶的鲜叶。

备茶

西式备茶：约2~3克干茶叶，每杯注入150毫升热水，水温以80℃为宜，冲泡时间2分钟。

东方式备茶：约5克干茶叶，每杯注入150毫升的热水，水温以80℃为宜，每次冲泡时间为20~30秒，可冲泡3次。

推荐搭配：微咸的食物，如白肉、蔬菜和鱼。

玉珠茶

类型：绿茶

产地：中国云南普洱

此茶产于云南普洱地区的茶园，茶叶形状特别，因而得名。茶叶只有单颗芽头，加工之后类似玉珠。

与生长在云南大山的其他茶一样，玉珠茶非常特别，春茶采摘季节，只选取茶园中最嫩的芽头。一杯玉珠茶道出了云南古老的茶艺与茶文化，琼露玉液般的诗意，值得珍藏，是款待客人的上佳之品。

品茶心得

干叶：浅绿泛银色单个茶芽卷曲似珠。

茶汤：杯中茶汤呈清亮的象牙色，口感绵软韵长，带有微妙的花香与果香，既有干果香（栗香）又有鲜果芳香（桃子香）。

叶底：叶片完整规则，呈黄绿色。

备茶

东方式备茶：约5克干茶叶，每杯注入150毫升热水，水温以80℃为宜，每次冲泡时间为20~30秒，可冲泡3~5次。

推荐搭配：微咸的食物，如米饭、蔬菜、鸡鸭肉和猪肉。

洞庭碧螺春

类型：绿茶

产地：中国江苏太湖洞庭山

洞庭碧螺春历史悠久，是仅次于西湖龙井的著名绿茶。该茶产自碧螺峰的灵源寺（东洞庭山），前人俗称“吓煞人香”（惊人的香味）。清朝康熙皇帝赐名“碧螺春”，碧螺春遂闻名于世，成为清朝皇家贡茶。

洞庭碧螺春，在其原产地，完全采用手工加工，只采摘嫩芽与嫩叶。要生产1000克的一级碧螺春，需要至少120000片鲜叶，可以想见其鲜叶有多么纤细柔嫩。

品茶心得

干叶：浅绿色嫩叶卷曲如螺，嫩芽白毫毕露。

汤色：绿中微黄，鲜艳透明；茶汤沁人心脾，香气绵软悠长。

叶底：杯中参差竖立的茶叶碧绿，香气绵长，带有栗子的清香。

备茶

西式备茶：约2~3克干茶叶，每杯注入150毫升热水，水温以75~80℃为宜，冲泡时间2~3分钟。

东方式备茶：约5克干茶叶，每杯注入150毫升热水，水温以75~80℃为宜，每次冲泡时间为20~40秒，可冲泡3~4次。

推荐搭配：米饭、鱼、鸡鸭肉、猪肉、蔬菜和辣味食物。

黄山毛峰

类型：绿茶

产地：中国安徽歙县黄山

自古以来，中国人认为高山生长的茶是最好的茶。黄山出产中国的特级茶，其中最著名的是黄山毛峰，该茶历史悠久，一直高居中国十大名茶（绿茶）榜。汤色清爽鲜亮，清香馥郁，甘醇爽口，回味甘甜。

品茶心得

干叶：外形微卷，芽头银毫显露，形似兰花。

茶汤：汤色清澈鲜亮，呈杏黄色；香气馥郁，回味绵长甘甜，韵味深长，花香（兰花、玉兰）、果香（杏、芒果）和栗香调和完美。

叶底：嫩芽呈黄绿色，带有栗香。

备茶

西式备茶：约2~3克干茶叶，每杯注入150毫升热水，水温以80℃为宜，冲泡时间3分钟。

东方式备茶：约5克干茶叶，每杯注入150毫升热水，水温以80℃为宜，每次冲泡时间为20~30秒，可冲泡3~5次。

推荐搭配：微咸食品、辣味食品、调味奶酪、烤鱼、水果和榛子饼。

霍山黄芽

类型：绿茶

产地：中国安徽霍山

在西方，霍山黄芽往往是作为稀有黄茶出售的，实际上，霍山黄芽是安徽霍山出产的绿茶。鲜叶进行氧化处理，氧化过程阻断了氧化酶，使得嫩芽变成黄色，这就是“黄芽”（黄色的茶芽）的来历。霍山黄芽精妙而独特，一直是明清的皇家贡品。

品茶心得

干叶：鲜亮的绿叶条直微展，形似雀舌；叶背嫩绿披毫。

汤色：黄绿清澈明亮，带有栗香（栗子、榛子），回味甘甜。

叶底：叶底嫩绿带黄，花香馥郁。

备茶

西式备茶：约2~3克干茶叶，每杯注入150毫升热水，水温以80℃为宜，冲泡时间2~3分钟。

东方式备茶：约5克干茶叶，每杯注入150毫升热水，水温以80℃为宜，每次冲泡时间为20~30秒，可冲泡4~5次。

推荐搭配：米饭、蔬菜、贝类，咖喱鸡、蛋糕和榛子饼。

六安瓜片

类型：绿茶
产地：中国安徽六安金寨

六安瓜片原名“瓜子片”，中国茶馆中经常会端上葵花籽供茶客食用。六安瓜片因其外形似瓜子而得名。多年之后，瓜子片简称为“瓜片”，六安指的是此茶最早出产的村子。陆羽称六安瓜片是顶级好茶，是明朝的皇家贡品。该茶的加工很特别，只炒制剔除芽头和茎的最嫩的叶片。

品茶心得

干叶：修长、翠绿色嫩叶。

汤色：杏黄，滋味甘甜，带有花香、果香，以及柔和的焦香味，入口滋味绵长，非常解渴，是夏季祛暑解渴之佳品。

叶底：饱满厚实，自然成朵，绿色的叶片鲜亮。

备茶

西式备茶：约2~3克干茶叶，每杯注入150毫升热水，水温以80℃为宜，冲泡时间2分钟。

东方式备茶：约5克干茶叶，每杯注入150毫升热水，水温以80℃为宜，每次冲泡时间为20~30秒，可冲泡3~4次。

推荐搭配：微咸食品，如火腿、沙拉。

茉莉花珠茶—茉莉龙珠

类型：花茶

产地：中国福建

这是福建出产的花茶，手工将鲜嫩的一芽两叶揉卷成珠状，是一款名副其实的经典名茶。滋味甘甜，带有微妙的茉莉花香气。天然的香味来源于茶叶与新鲜茉莉花进行窨制。生产茉莉花茶，需要经过两个不同的阶段：春天采摘茶叶的鲜叶，采用绿茶制作工艺炒制；夏季，将含苞待放的茉莉花摘下，与加工好的绿茶进行窨制，绿茶便会吸收茉莉花的芬芳香气。茶叶与茉莉花之间接触得越频繁，茉莉花茶的品质就越好，成本也就越高。品尝一杯茉莉花茶，领略绿茶清雅与茉莉的芬芳，相得益彰，真可谓是一种奇妙的感官体验。

品茶心得

干叶：外形小巧似银色珍珠，茉莉花香沁人心脾。

茶汤：呈深暗黄色，花香馥郁，香气鲜灵持久，入口绵软而微涩。

叶底：卷曲如珠的叶芽鲜亮浅绿。

备茶

西式备茶：约2~3克干茶叶，每杯注入150毫升热水，水温以80℃为宜，冲泡时间2~3分钟。

东方式备茶：约5克干茶叶，每杯注入150毫升热水，水温以80℃为宜，每次冲泡时间为20~40秒，可冲泡3~5次。

推荐搭配：辣味食品、五香白肉、贝类、芝士、蔬菜、土豆、法式苹果派或者胡萝卜蛋糕。

龙　井

类型：绿茶

产地：中国浙江杭州西湖

龙井高居中国名茶榜之首，其历史长达千余年，早在唐朝，茶圣陆羽撰写的世界上第一部茶叶专著《茶经》中，就已经记载了龙井茶。

最正宗、最受褒奖的龙井茶是西湖龙井，产于西湖周围的群山。西湖龙井受中国国家原产地保护，为了获得PGI（受保护的地理标志）待遇，龙井茶的整个生产过程，从采摘到包装，都必须在原产地的区域范围内进行（类似于意大利DOCG级别的最优质葡萄酒）。西湖龙井的生产区域面积只有168平方公里，就是说，这个顶级名茶的数量极为有限，根本无法满足国内市场的需求。最优品质的西湖龙井产自于狮峰，可惜的是，狮峰龙井在中国以外的市场几乎难觅其踪迹。不过，品尝到其他区域生产的优质龙井还是可以的，因为龙井茶的生产已经逐步扩大到中国的其他省份，龙井如今是中国种植最多的绿茶。龙井茶带有明显的栗香。

品茶心得

干叶：外形挺直削尖、扁平，其色泽呈橄榄绿色

茶汤：色泽明亮金黄，口感绵柔，带有栗香、坚果味和香草味。

叶底：嫩芽鲜亮油绿。

备茶

西式备茶：约2~3克干茶叶，每杯注入150毫升热水，水温以80℃为宜，冲泡时间2~3分钟。

东方式备茶：约5克干茶叶，每杯注入150毫升热水，水温以80℃为宜，每次冲泡时间为20~40秒，可冲泡4~5次。

推荐搭配：蔬菜汤、微咸的食品、米饭、烤鱼、贝类、调味奶酪、五香白肉和水果。

荔枝绿茶

类型：绿茶
产地：中国湖南

这种绿茶带有荔枝香，荔枝是中国南方与东南亚特有的水果，荔枝绿茶纯手工制作，以球型茶的形式出售。这是湖南的名优茶，茶叶与新鲜荔枝进行窨制。新鲜荔枝的果肉呈透明状，香味馥郁，一直是进贡宫廷的珍稀美味。用水果、鲜花与茶叶进行窨制的传统起源于中国，但现在也有人采用添加人造香料的方法进行窨制。品茶者能够领略到古法窨制的耐心，以及尊重自然风味与制茶工艺的千古魅力。

该茶饮口感细腻、芳香馥郁、令人陶醉，绝对是值得品鉴的佳品——杯中充满诗情画意。冷茶热茶，四季皆宜。

品茶心得

干叶：揉卷成大小不等的小巧球形，呈暗绿色带黄色纹理，具有玫瑰和莫斯卡托葡萄的芬芳香气。

茶汤：色泽清澈，呈金黄色；淡淡的荔枝香与茶叶的清香调和，形成一种独特的芳香味；玫瑰、栀子花的花香夹杂着杏儿香、干枣香和葡萄干果香。

叶底：墨绿色的茶叶完全舒展，以莫斯卡托葡萄的芬芳香气为主调。

备茶

西式备茶：约2~3克干茶叶，每杯注入150毫升热水，水温以85℃为宜，冲泡时间2~3分钟。

中式备茶：约5克干茶叶，每杯注入150毫升热水，水温以85℃为宜，每次冲泡时间为20~40秒，可冲泡4~5次。

推荐搭配：酸奶奶糖、希腊酸奶与蜂蜜、香草甜点与奶油蛋羹、胡萝卜榛子蛋糕、白巧克力、印度香米、新鲜水果、水果沙拉、伏特加。

太平猴魁

类型：绿茶

产地：中国安徽黄山

中国的文人墨客，引经据典，称太平猴魁最早产于安徽省黄山脚下的太平。

太平猴魁的茶叶外形独特，与其他绿茶大相径庭。太平猴魁在加工中既不揉卷也不压扁，赋予了其独树一帜的外观形状——茶芽颀长挺直、扁平，最长可以达到6英寸（15厘米）。

如何冲泡太平猴魁

太平猴魁，外形独特，香气精妙，不建议用盖碗冲泡。要准备一只细长高挑的玻璃杯或者壶体深的玻璃茶壶，太平猴魁的茶叶相当长，最长的甚至达到15厘米，用80~85℃的热水（冲入热水之前，要提前温杯）。温杯之后的水倒出，加入大约3~5克的太平猴魁干茶，然后再冲入水温达到80~85℃的热水。如果用玻璃杯泡茶，可以直接喝茶；如果用茶壶泡茶，可以将茶汤倒入玻璃公道杯，再分别倒入杯中敬茶。

品茶心得

干叶：茶芽挺直、扁平，叶片的绿色鲜亮。

茶汤：汤色清亮透明，口感细腻甜润，兰香悠长。

叶底：冲泡之后，长而扁的茶叶失去鲜亮的光泽，颜色略发闷，色泽比干茶浅，会露出些许红色叶脉。

备茶

西式备茶：约2~3克干茶叶，每杯注入150毫升热水，水温以80℃为宜，冲泡时间3分钟。

中式备茶：约5克干茶叶，每杯注入150毫升热水，水温以80℃为宜，每次冲泡时间为30~40秒，可冲泡3次。

推荐搭配：不建议搭配任何茶点——太平猴魁悠悠的兰花香气，最适合清茶一杯，陶醉其中。

如何冲泡花型绿茶

为了欣赏花型茶在水中绽放的美妙画面，我们建议选择细长高挑的玻璃杯或者壶体较深的玻璃茶壶，茶杯或者茶壶至少应该有 15 厘米深。

水加热到大约 80~85℃，冲倒在花型茶上之后静候片刻，我们才能欣赏到真正娴熟工艺——茶芽制作的花苞，在热水中摇曳绽放，妙不可言。“花型茶”可以是由纯茶芽制成，比如绿牡丹；也可以配上不同的鲜花——茉莉花、金盏草、勿忘我、百合、千日红、芙蓉。配上这些花不仅能够使得茶汤带有微妙的花香，还能够带来令人惊叹的视觉享受，赏心悦目！

绿牡丹，其形状类似于菊花或者蔷薇，也可以放在玻璃盖碗中冲泡。

花型茶渐渐绽放的美妙瞬间。

绿牡丹

类型：绿茶
产地：中国安徽歙县

绿牡丹是用安徽的绿茶嫩芽制作成为牡丹花形状的一种茶，以安徽歙县为主要产区。这款经典的绿茶，是花型绿茶的先驱者。绿牡丹是造型精美的中国茶叶艺术作品——茶芽束呈球形状、塔状或者莲花座状。

不像其他花型茶，含苞待放的花朵的美丽毁在掺杂了质量平庸的茶叶上，绿牡丹独树一帜，采用的是优质绿茶，真正做到了诗意与美感的组合，茶香清高悠长，沁人心脾。杯中的茶叶或悬或沉，徐徐绽放，犹如绿色的牡丹花；汤色清亮，甜润悠长。

品茶心得

干茶：大约 100 支嫩芽组成的茶束在一起形成星形的花朵造型。

茶汤：汤色黄绿，明亮清澈；甜润细腻而绵长，绝无涩味，带有蜜香、甘草香与栗香，是典型的最佳绿茶的滋味。

叶底：绿牡丹茶冲泡后悬浮在杯中，星形的茶叶缓缓舒展，形似墨菊、康乃馨或蔷薇。

备茶

1 朵绿牡丹茶，每杯注入 30 毫升热水，水温以 80~85℃为宜，冲泡时间 2~3 分钟。

推荐搭配：微咸的食品、白肉、蔬菜、鱼、米饭和水果。

日本铸铁茶壶能够更持久地保持水温，

因此，传统上用作泡茶的烧水壶。

日式绿茶

在日本，茶叶千姿百态，日常生活的方方面面都有茶叶的身影：餐厅点餐的时候会上茶（番茶和焙茶）；亲朋好友欢聚的时候主人会精心准备好茶（煎茶和玉露）；日式茶道（抹茶）还是禅宗哲学的集中体现。

日本每年生产的绿茶难以满足其国内需求，因此，在日本市场上销售的绿茶，相当大的一部分并非本国出产的茶叶，而是来自中国、越南和印尼，按照传统的生产方法，进行种植和加工。

在日本，茶叶一年采摘2~4次。春茶无疑是最好的、最受追捧的。日本绿茶的传统种植区在静冈，出产日本最好的煎茶；京都、日本南部的鹿儿岛和九州出产久负盛名的抹茶和玉露茶。

过去，日式茶是完全通过手揉制作的，制茶手艺是传家宝，通过手揉制茶大师言传身教，代代相传。可惜最近几十年来，机器制茶取代了手工制茶。然而，日本依然每年举办全国性的手工制茶比赛。前30位获奖者制作的茶叶，以不低于90718日元/磅（人民币12000元/千克）的价格出售。在日本，绿茶通过蒸青（气蒸）方法保持其鲜绿的颜色，在公元1738年京都的永谷桑园年开发了蒸青这一制茶方法。

蒸青通过短暂的加热，高温阻断氧化酶，从而使茶叶保持其原有的碧绿色；蒸青过程还使茶叶的叶片变得柔软富有弹性，更容易揉捻。

茶叶的揉捻需要大约4个小时，放置在一块加热的板上进行，叫穗色，使鲜叶的颜色变成墨绿色，形状细长如针。

传统上，最好的茶叶种植园是要“遮阳”的。在茶叶生长的最后20~30天，采摘之前，用帆布遮盖板遮阳，以减少茶叶的日照。这种技术可以提高茶叶的甜润度，减少儿茶素的含量，从而降低一般绿茶都含有的苦涩味道。

如何冲泡日式绿茶

中式冲泡绿茶多快速、几次冲泡，而西式则采用一次较长时间冲泡；日本绿茶的冲泡方式，是中式和西式泡茶方法的折中之法。

番茶、焙茶、玄米茶，采用西式的一次冲泡，但是冲泡时间相对较短；对于更加娇贵的茶叶，诸如煎茶或者玉露，则采用中式冲泡，一次冲泡时间大约为 2~2.5 分钟，冲泡 3 次。

如何使用日式急须茶壶

急须茶壶小巧玲珑，可以用不同的材料（陶瓷、玻璃）制成，茶壶里面装有一个特殊的格栅过滤器，茶壶侧边有一个符合人体工程学的手柄。

传统上，冲泡日本绿茶一般用急须茶壶，这种茶壶容量很小，一般能冲泡半杯或 1 杯多水（100~300 毫升）。

如果你没有带温度控制的烧水壶，我们建议你把急须茶壶和三只茶杯放在茶桌上，然后进行如下操作：

1. 把水烧开；
2. 把茶叶放入茶壶里；
3. 在两杯中倒入热水，第三只杯子空着；
4. 用空杯与有热水的杯子来回倒，每倒一次，水温降低大约 10℃；
5. 将两只杯子中达到适宜温度的热水倒入急须茶壶，冲泡煎茶的水温宜在 80℃左右，而冲泡玉露的水温应该在 60~70℃左右。
6. 将茶汤直接倒入杯中；
7. 重复冲泡三次，每一次冲泡的时间略缩短一些。

掛川番茶

类型：绿茶

产地：日本静冈县掛川

掛川番茶是让番茶爱好者陶醉的琼露玉液。日本静冈县西部掛川的茶叶种植园，出产最珍贵的初摘番茶。哪怕不是番茶爱好者，也应该品尝一下掛川番茶——只要浅浅抿一口，就能发现，掛川番茶与市场上出售的普通番茶，有着天壤之别。掛川番茶的茶单宁含量低，适合一日三餐的细斟慢饮。

品茶心得

干叶：色泽鲜亮油润的绿色干叶，叶片较大；带有果香与丝丝甜味。

茶汤：黄绿色，略浑浊；口感鲜爽柔和，带有鲜嫩草本（菠菜）与海洋的气息。

叶底：茶叶呈墨绿，类似煮熟的菠菜的墨绿色。

备茶

约 2~3 克干茶叶，每杯注入 150 毫升热水，水温以 80℃为宜，冲泡 2~2:30 分钟。

推荐搭配：微咸的食品、生鱼片或者熟鱼、贝类、蔬菜和米饭。

玄米茶

类型：绿茶

产地：日本静冈县袋井

玄米茶出产于袋井的茶园——静冈西南的沿海平原地带，采用最珍贵的初摘番茶与烘炒的糙米混合制成。

玄米茶的来历带有浓厚的传奇色彩：15 世纪的一个清晨，一位武士一边品茶一边思量着如何带领手下人马发动攻击。他的一个名叫玄米的仆人，笨手笨脚，误将些许炒米掉进武士的茶杯里。武士大怒，砍了仆人的头。当武士心绪平静下来之后，他继续喝杯中的茶，突然发现因为有大米的香味，这茶反而比先前的更加好喝了。他对自己的鲁莽行为后悔不已，从那天起，武士只喝配有炒米的茶，并且把这种新饮品起名叫玄米茶，以纪念被他杀死的仆人。然而，还有一种更现实版的说法是，那些住在远离茶园的人，为了使家中的储备能够维持用得久一些，将茶与玄米混合在一起。不管玄米茶的起源是传奇版的还是现实版的，如今玄米茶已经是日本流传最广的茶。

玄米茶有一种明确无误的榛子味，也被称为“爆米花茶”，其茶单宁含量低，一天中任何时候都可以喝，冷茶热茶皆宜。

品茶心得

干茶：鲜亮的绿茶与烘炒的糙米、玉米粒混合；茶的清香与炒米的焦香完美地融为一体。

茶汤：汤色黄绿明亮；炒米之焦香与春天初摘番茶之甜润，相得益彰，别具风味，榛子味持久绵长。

叶底：冲泡之后，茶叶呈墨绿色，炒米则呈焦黄色。

备茶

约 2~3 克干茶叶，每杯注入 150 毫升热水，水温以 80~85℃为宜，冲泡 2~2:30 分钟。

推荐搭配：汤、米饭、生鱼片或者熟鱼、贝类、蔬菜和坚果饼干。

玉　露

类型：绿茶

产地：日本静冈县冈部

这是日本茶中最珍贵的茶，产于静冈附近的冈部，这里是日本玉露茶的产茶胜地之一。

在采摘前的三个星期，要用特殊遮阳材料对茶园进行遮阳处理，茶树在遮阳网的阴凉下生长。这种技术增加了咖啡因和氨基酸的含量，同时减少茶叶中儿茶素含量。与其他类型的绿茶相比，玉露茶的口感较好，涩味和苦味都比较低。

品茶心得

干茶：墨绿色、细长针状的茶叶。

茶汤：黄绿色，略浑浊，口感非常柔和、不涩；海洋（海洋食品）香气为主调，伴有花香与鲜润之味。

叶底：叶片呈鲜亮的墨绿色。

备茶

约2~3克干茶叶，每杯注入150毫升热水，水温以60~70℃为宜，冲泡2~2:30分钟。

推荐搭配：贝类、生鱼片或者熟鱼、蔬菜、新鲜的软奶酪。

焙　茶

类型：绿茶

产地：日本静冈县袋井

焙茶是一种非常特别的日本茶，是精心烘炒加工后的番茶。

最好的焙茶，产于袋井的茶园——静冈县西南的沿海平原地带，焙茶采用秋天采摘的茶叶进行制作。

焙茶非常精妙，几乎不含茶单宁，适合儿童饮用，是一天中任何时段都能饮用的理想茶品。焙茶与任何类型的菜品都能完美搭配。

品茶心得

干茶：鲜亮的榛子色、琥珀色，又长又大的叶片，焦香与花香中略带木香和果香，香气微妙复杂。

茶汤：亮泽温暖的棕色茶汤，带有砖金的深沉色调；茶汤入口带有烤榛子的芳香，回味中带有绵长的麦芽香。

叶底：色暗，接近黑卡其色，以果香、木香调为主，略带辛辣味。

备茶

约 2~3 克干茶叶，每杯注入 150 毫升热水，水温以 80~85℃为宜，冲泡 2~3 分钟。

推荐搭配：烤鱼、贝类、猪肉、蔬菜、大米、榛子馅饼和饼干。

茎　茶

类型：绿茶

产地：日本静冈县掛川

茎茶是由茶叶中最不值钱的茶茎制成的。

日式茎茶与其他的茎茶大不相同，出产于掛川的茶叶种植园（静冈县），采用初摘鲜叶加工制成，口感独特、鲜爽，具有超乎想象的美味。品尝日式茎茶，可谓是迈出日式绿茶发现之旅的完美第一步，因为日式茎茶有助于帮助我们克服对草本味的偏见。

品茶心得

干茶：让人爱不释手的浅绿色茶叶茎，释放出清雅微妙的花香。

茶汤：自然亮泽的绿色，细腻、丝绒般光滑的表面；茶汤在杯中赏心悦目，诱人的清香，让爱茶人士赞不绝口。

叶底：茶茎鲜亮，绿色中带有黄色。

备茶

约 2~3 克干茶叶，每杯注入 150 毫升热水，水温以 80℃为宜，冲泡 2~3 分钟。

推荐搭配：米饭、蔬菜、奶酪（阿夏戈、枫丹白露）、姜汁柠檬草搭配周日早午餐。

鹿儿岛煎茶

类型：绿茶

产地：日本鹿儿岛儿汤郡

煎茶是日本最有名的茶，在日本有近80%的茶叶是煎茶，只是质量等级有所不同。煎茶的特点是茶香清新，这要归功于三次蒸煎的特殊加工程序。

最好的煎茶含有丰富的氨基酸和维生素C。四月份初摘的鲜叶是最好的，被称为“新茶”。

顶级的煎茶产于日本最南端的鹿儿岛县。鹿儿岛的煎茶滋味鲜爽，涩味比普通的煎茶少，口感与玉露茶极为相似；鹿儿岛煎茶清新又提神，非常适合在初夏饮用。

品茶心得

干茶：茶叶细长匀称呈针状，具有玉石般鲜亮光泽的绿色。

茶汤：呈墨绿色，入口柔和微涩，带有温和的甜味和清新的花香味，犹如春日第一缕暖阳的滋味融入茶汤中。

叶底：非常嫩的茶叶，类似煮熟的菠菜，带有青草和熟蔬菜的香味。

备茶

约2~3克干茶叶，每杯注入150毫升热水，水温以80℃为宜，冲泡2~2.5分钟。

推荐搭配：生鱼片或熟鱼、软体动物或贝类、米饭配生蔬菜或熟蔬菜、新鲜细腻的奶酪、清淡的杂豆汤、日本传统的红豆底的甜品。

茶 道

古代日本茶艺

日本茶艺与佛教的传播有关。在12世纪，一个名叫荣西的和尚，从中国云游回到日本，带回了茶树的种子，并介绍了宋朝的备茶方法：将茶叶压紧，然后用石磨碾成茶粉；当时喝茶与其说是泡茶，不如说是将茶末放入水中溶解成茶汤。这种泡茶的技艺，在中国早已被弃绝，但在日本却一直沿用至今。

茶在宫廷内外都很盛行，备茶在日本的寺院里广为传播。茶能提神醒脑，使人充满活力，僧侣们喝茶之后，能够长时间冥想却依然保持头脑清醒。

不久，精确的泡茶、斗茶规则开始风靡，大大地吸引了封建领主和武士，这一阶层的人士统治了日本中世纪社会。早期这些与品茶相关的仪式，被视为是日本茶道的前身。

村田修予在他位于京都的家中，创建了一个四叠半榻榻米大小的茶室，在那里他研发了最初的茶道规则。然而，真正将茶艺发扬光大的，当属千利休大师（公元1522年至1591年），他使茶道成为一种名副其实的礼仪，茶道中的手势都有着独特的蕴意。

茶道仪式的中心是抹茶，抹茶是一种研磨得很精细的绿茶。

茶道在日语中又称为“茶之汤”，仪式融合了“和敬清寂”之意。茶道在茶室或者“空旷之处”举行，客人要穿过后花园才能到达，通往茶室的石板小道上铺着平坦却错落有致的石头。主人（或者女主人），和他的客人一同跪在榻榻米上，先用挂在主人和服腰间的丝绸茶巾将茶碗擦干，再用竹制的茶杓取少量抹茶粉放入茶碗中，再用竹制勺柄，从铁茶壶中取热水冲入茶碗。要达到所谓的“玉石泡沫”效应，主人要用特殊的竹制茶筅使劲搅动茶碗中的茶。

如今的茶道，当第一位客人到达茶室，抹茶就已经准备就绪；对每一位宾客都用同样的茶礼奉茶，即一杯茶配上一种传统的小甜点。

学习日本茶艺，需潜心钻研数年，甚至数十年。茶道大师认为，要取得成功，很重要的一点是必须领悟茶的真谛。

抹　茶

类型：绿茶
产地：日本爱知县西尾

抹茶是茶道中使用最久、最广泛的日本绿茶。

最好的抹茶产自于爱知县的西尾，那一地区几乎未受污染，从13世纪开始就一直种植茶树。爱知县出产的茶叶，比日本其他地区的茶叶，色泽更绿，营养也更丰富。

抹茶是唯一用茶粉备制的茶，不是冲泡而成的，而是将茶粉溶解于热水中。抹茶的抗氧化性和能量都高于其他绿茶。非顶级的抹茶被广泛用于美食烹饪，尤其是用于烘焙。

品茶心得

干茶：精细茶粉，润泽发亮的翠绿色，带着未受污染的森林的气息。

茶汤：强烈的绿色，略浑浊，茶碗里浮起一层“玉石泡沫”，啜饮的时候，茶汤表面给人非常特别的触觉；其酸味让人联想起面粉的甘味，品尝后微苦的滋味绵长，带有微妙的香草味和强烈的青草香味，类似刚刚修剪后的草坪散发的青草香。

备茶

大约1克（即一茶匙尖的量）抹茶茶粉，放入茶碗；倒入约70~80℃热水，用茶筅用力搅动，茶碗里浮现一层稠密的茶沫。

推荐搭配：鱼子酱、牡蛎、白巧克力、精致糕点、鸡蛋和马斯卡奶酪调制的奶油。同时可备果汁和豆浆奶昔，或者撒上软奶酪。

黄 茶

黄茶是中国特有的茶叶，其产量非常有限。之所以叫黄茶，是因为这种茶具有“黄叶黄汤”的特点。普通大众几乎没有听说过黄茶，一部分原因是真正的黄茶产量太少，价格极其昂贵，除在中国以外几乎难觅踪迹。

这一特殊品种的茶主要产于中国的湖南省，君山岛是中国黄茶的原产地。

从生产的角度来看，黄茶与绿茶很相似，黄茶的发现纯属意外。黄茶与绿茶区分的主要特征是黄茶茶叶色泽泛黄，现代采用人工设定的特殊制茶工艺，对鲜叶进行轻度氧化，使之沤黄。

制作黄茶的基本工艺是：杀青、揉捻、沤黄、干燥。

第一阶段是杀青，鲜叶在大锅中经过高温使叶片变软，降低其水分；然后进行揉捻，使之释放出基油，进行定型。

杀青和揉捻这两道加工步骤与绿茶的加工是一样的。第三步沤黄才是黄茶制作的关键步骤，是确定最终产品的质量，使茶叶能够归于轻度氧化类的黄茶的关键步骤。

将茶叶堆成高高的茶堆，并且加以覆盖，这道工序会使茶叶变成典型的黄色。

最后一道工序是干燥，所有类型的茶叶制作都要经过干燥工序，黄茶的干燥工序使茶叶的色泽更金黄。

中国市场上有不同种类的黄茶出售，但那些茶叶品种，不是严格意义上的黄茶，这可能与黄茶的历史有关系：在封建时期，明黄色象征着皇权，因此，黄色一词往往用来形容品质最佳的绿茶或者白茶，作为进献皇家的贡品。“皇”茶就被称为黄茶。

对于特级茶叶的最佳存储，推荐使用密闭容器，可以使茶叶避光、防潮、防异味。

如何冲泡黄茶

要冲泡黄茶，建议使用玻璃的盖碗或者高挑细长的玻璃杯。

无论是用玻璃盖碗还是玻璃杯，水温要控制在 80~85℃之间，这一点很重要。

如果你使用的是玻璃盖碗，泡茶之前要先烫碗，然后在盖碗里加入三分之一的茶叶。根据个人的喜好，可以泡 3~4 分钟，或者每次 30~40 秒，冲泡 4 次。

如果使用的是高挑细长的玻璃杯，先烫杯，然后加入约三分之一的热水，再放入茶叶，最后再把玻璃杯中的水续满。这样，茶芽会缓缓地下沉，在杯中上下浮动，芽头在水中林立。这种泡茶方式，能让品茶者领略黄茶的美妙，赏心悦目。

君山银针

类型：黄茶

产地：中国湖南君山岛

君山银针这一黄茶的名字，源于湖南省的君山岛。小岛的自然环境优美，该岛还有一个昵称叫“爱之岛”。君山岛风光旖旎，是黄茶的最初产地。该茶的产量非常有限，茶叶价格奇高，生产 1000 克干茶叶，需要 5000 克的鲜叶，可见君山黄茶是多么精挑细选了。

品茶心得

干叶：针状的嫩叶，外形匀称，带有金黄与银色的芽头。

茶汤：呈淡黄色，清香宜人，带有绵长的花香与坚果香；口感柔和，丝绒般顺滑。

叶底：茶叶针状，一芽一叶，呈鲜亮的绿色，带有悠长的干果香味（栗子和榛子）。

备茶

西式备茶：约 2~3 克干茶叶，每杯注入 150 毫升热水，水温以 80~85℃为宜，冲泡时间 3 分钟。

东方式备茶：约 5 克干茶叶，每杯注入 150 毫升热水，水温以 80~85℃为宜，每次冲泡时间为 30~40 秒，可冲泡 3~4 次。

推荐搭配：配餐的绝佳茶饮，可以与新鲜奶酪和白肉完美配搭。

蒙顶黄芽

类型：黄茶

产地：中国四川

这种珍稀的黄茶品种历史悠久，最早产于两千多年前的汉朝，到了唐朝它被选为皇家贡茶。

蒙顶黄芽生长在四川的蒙山之顶，茶园常年云雾缭绕。只有云雾缭绕的山坡上的茶叶，才能用以生产正宗的蒙顶黄芽。由于茶叶生产区的面积很小，茶叶产量很低，除在中国以外，很难找到该品种的茶叶。如果你有幸能够在除中国以外的其他地方买到这一珍稀品种的茶叶，你肯定会非常享受蒙顶黄芽带来的独特体验。

品茶心得

干叶：色泽嫩黄，纤细精致，芽条匀整。

茶汤：在冲泡过程中，茶芽竖立在水中，上下浮沉，营造一种茶芽优雅起舞的意境；茶汤呈淡黄色，滋味甘甜，带有榛子味和草本的清香。

叶底：一芽一叶，展示出最高等级的茶叶的特质；坚果香味（榛子和栗子）绵长、回味持久。

备茶

西式备茶：约2~3克干茶叶，每杯注入150毫升热水，水温以80~85℃为宜，冲泡时间3分钟。

东方式备茶：约5克干茶叶，每杯注入150毫升热水，水温以80~85℃为宜，每次冲泡时间为30~40秒，可冲泡3~4次。

推荐搭配：由于该茶风味独特，最好单独品茶，不建议搭配其他食物。

汝窑风格的茶具，自宋朝开始，就极受追捧。汝窑茶具的特点是表面釉质有裂纹，价值连城。

白 茶

过去，白茶因为其独特性和昂贵的售价，只有皇亲国戚、达官贵人才能享用。顶级的白茶取决于茶树的品种、所采用的加工方法和叶背白毫的多少。

白茶采用白毫丰富的茶芽与嫩叶进行加工制作，淡黄色的茶汤口感非常柔和顺滑，茶香饱满清新。

白茶的加工制作方式简单却非常特殊。

白茶的加工既不进行烘干，也不进行揉捻，唯一加工方法是让鲜叶萎凋、阴干。

最珍贵的白茶全部采用茶芽制作，采摘之后，晾晒在架子上，放置在特殊通风的房间（天气温和的时候，也可以放在阳光下晾晒），直到鲜叶萎凋脱水，达到理想的效果。

萎凋阶段需要持续几天时间，这道工序之后，再放在大筐里进行低温干燥，直到茶叶完全脱水。

白茶原产于中国的福建，顶级的白茶除中国以外的其他地方也有出产，比如在斯里兰卡南部的卢哈纳，但是数量非常有限。

如何冲泡白茶

最佳的冲泡白茶的茶具，是玻璃盖碗或者瓷盖碗。

泡茶的水温以75~80℃为宜，先要烫杯，并将烫杯的水倒空。将水加热到适合第一次冲泡的温度，在盖碗中注入三分之一的热水，然后放入茶叶，用温度更高的水注满盖碗。如果你喜欢茶汤的滋味比较强烈、馥郁，可以选择一次冲泡大约5~10分钟；如果你喜欢清新、淡雅、细腻的口感，可以每次冲泡30~60秒，冲泡三次。

相对于其他类型的茶而言，冲泡白茶的时间要偏长一些，这是因为白茶在制作过程中不进行揉捻，在冲泡时，茶叶中的香气和精油不会立即释放。

比起西式泡茶那种单次较长时间的冲泡，东方式多次冲泡的方法，更能令人领略到白茶微妙、缥缈的优雅清香。

白毫银针

类型：白茶

产地：中国福建福鼎

白毫银针，也被称为“银针”，是中国福建省出产的白茶。像其他顶级白茶一样，白毫银针全部由尚未展开的茶芽进行制作，白毫银针的品质完美得无可挑剔。

最好的白茶全部是由手工进行采摘的，银针茶最初出产于福鼎的太姥山茶园，该地区属于温和的亚热带气候，常年云雾缭绕、雨水充沛。完美的气候条件有利于大自然的奇妙物种的生长。茶汤晶莹剔透、滑润，带有蜂蜜甜润味与淡雅的花香。白毫银针一直被视为珍稀独特的茶叶，在封建时期，采摘下来的最好的茶叶要作为贡品进贡给皇帝；直到如今，白毫银针仍然是现存最珍贵、最昂贵的茶叶之一。白毫银针的茶芽都是经手工精挑细选采摘的，茶香淡雅，引无数爱茶者为之倾倒，只有真正的行家里手才能品味出其微妙独特的口感。白毫银针适合细细品尝，边品茶边默想，该茶适合独饮慢品，搭配食物反而会扰其清味。

品茶心得

干叶：布满银毫的肥芽，手感柔软，如同雪绒花的花瓣。

茶汤：呈淡黄色，口感柔软、滑润，茶香淡雅，花香蜜香调和均衡，相得益彰。

叶底：嫩芽为浅绿色。

备茶

西式备茶：约 2~3 克干茶叶，每杯注入 150 毫升热水，水温以 75~80℃为宜，冲泡时间 5~10 分钟。

东方式备茶：约 5 克干茶叶，每杯注入 150 毫升热水，水温以 75~80℃为宜，每次冲泡时间为 30~60 秒，可冲泡 3 次。

推荐搭配：无需搭配。该茶淡雅，适合清茶一杯品味。

白牡丹

类型：白茶

产地：中国福建政和

白牡丹是一种白茶，由一芽两叶组成。有些白茶爱好者更青睐白牡丹，因为与其他白茶的淡雅味道相比，白牡丹的茶汤味道更加丰富、鲜醇。

白牡丹的原产地是福建政和的茶园。白牡丹茶香柔和，花香中带有丝丝甜润。对于想要探究发掘白茶的爱好者，白牡丹是理想之选，因为该茶具有独特的丝绒爽滑般的口感和悠长的回味。

品茶心得

干叶：厚厚的银毫布满肥硕的茶芽与嫩叶。

茶汤：呈淡黄色，清新淡雅的花香调，丝绒般的爽滑，入口丝丝甜润；与白毫银针相比，白牡丹茶的味道更丰富、鲜醇、绵长。

叶底：茶叶与茶芽呈浅绿色。

备茶

西式备茶：约 2~3 克干茶叶，每杯注入 150 毫升热水，水温以 75~80℃为宜，冲泡时间 5~10 分钟。

东方式备茶：约 5 克干茶叶，每杯注入 150 毫升热水，水温以 75~80℃为宜，每次冲泡时间为半分钟 ~1 分钟，可冲泡 3 次。

推荐搭配：白牡丹适合沉思默想时细细品尝，也不妨与清淡的蔬菜为主的食物配饮，搭配白肉、鱼、新鲜软质奶酪或者阿夏戈等半软质奶酪。

卢哈纳银针

类型：白茶

产地：斯里兰卡卢哈纳马特勒区

这是斯里兰卡出产的最好的茶叶之一，斯里兰卡人对此引以为豪。很长一段时间，白茶只是专门供给国王和茶叶专家品尝的。白茶通过纯手工采摘与加工，全部采用未展开的茶芽。

最好的茶芽是在三月、四月和五月初采摘的，不使用机械烘干系统，而是采用在阳光下晒干的方式，茶叶只进行轻度氧化。银针虽然是白茶，却不失淡雅、辛香的滋味。

品茶心得

干叶：肥硕的大枝条非常柔软，叶片带有丝绒般的银色白毫以及强烈的蜜糖甜润香气。

茶汤：色泽金黄，冲泡时间长会变成金棕色；其清新细腻的香味突出，带有鲜明的蜜糖香味和若隐若现的松树香气，入口丝绒般爽滑。

叶底：肥硕无瑕疵的大嫩芽接近白色，带有蜜糖香味和焦香味。

备茶

西式备茶：约2~3克干茶叶，每杯注入150毫升热水，水温以80℃为宜，冲泡时间5~7分钟。

推荐搭配：最好清茶一杯独享其清雅，也可以搭配清淡的白肉、蓝纹乳酪或者鱼肉。

青茶（乌龙茶）

宜兴陶瓷茶壶。泡茶的时候，因茶壶表面多气孔，能够吸收茶的香气，天长日久，茶壶能够提升优质茶叶的香味。

青茶，更为熟知的名称是乌龙茶（另外一种拼写是 Oolong，中文意思是“乌龙”）。青茶是指一大类的茶，其叶片在加工过程中进行部分氧化；青茶产品类型较多，浓淡程度不同，口感各有千秋。

乌龙茶的氧化水平低，与绿茶很类似，但是花香调明显。

另一方面，高氧化水平产生的乌龙茶，色泽更暗，果味更浓郁，与红茶很接近。乌龙茶起源于中国福建省，大约 400 年前开始生产。如今，最传统的乌龙茶产于福建、广东和台湾。

福建省的北部和南部都出产乌龙茶，其代表性品种有武夷岩茶和安溪铁观音；凤凰单枞是典型的广东乌龙茶；台湾的乌龙茶有包种茶。

乌龙茶的生产过程相当复杂：鲜叶要放在阳光下萎凋，然后风干、摇青、炒青、包揉，最后烘干。乌龙茶基本上是综合了绿茶和发酵茶的生产制作工艺。

新鲜采摘下来的鲜叶，摊在帆布上，在日光下蒸发部分水分，晾晒过程也称为太阳萎凋；然后进入风干阶段——在此期间，茶叶摊在竹匾上，在车间内散发热量——手工或者机械轮番进行摇青，摇青的过程中，叶子边缘经过摩擦，叶缘颜色会加深。一旦达到所需的氧化程度，就对茶叶进行加热，阻断茶叶中氧化酶的活性。

接下来，根据不同的乌龙茶品种的要求，会采用各种揉捻方法。炒青会将茶叶中的精油释放出来，使得叶片具有乌龙茶典型的条索卷曲形状。然后叶片就可以进行最后的烘干阶段，刚开始，用较高的温度进行短时间的烘干，然后在较低的温度下进行较长时间的烘干，这道工序很关键。

有关于乌龙茶和乌龙茶名字的起源，有很多不同的传说，乌龙的中文意思是黑色的龙。然而，这些不同的传说，最后都汇聚到一点：乌龙茶的半氧化是偶然发现的，由于某种原因，采摘下来的茶叶，短时间堆放之后产生了意想不到的氧化过程，效果奇特。

如何冲泡乌龙茶

冲泡乌龙茶的最佳茶具是瓷盖碗茶杯和宜兴紫砂茶壶。瓷盖碗茶杯的缺点是传热很快，大约 90~95℃的水温，很快就会让盖碗的盖子过热，容易烫到手。如果你不熟悉使用盖碗茶杯，最好选择一把宜兴紫砂茶壶。

中国冲泡乌龙茶的方法称为功夫茶。

时至今日，功夫茶在西方依然鲜为人知。但是，功夫茶绝对是品茶、赏茶的最佳方法，每次冲泡，茶叶都能很好地释放、充分展现其魅力。

功夫茶快速入门

1. 将水加热至 90~95℃。对于氧化程度低的乌龙茶，或者对于条索紧直的茶叶，水温可以略微低一点，大约 85~90℃。
2. 将茶具连同接水托盘一起放在茶桌上，茶具包括一把紫砂茶壶、一只茶海和茶杯（茶杯套件中，细高型的是闻香杯，圆圆的杯子是喝茶杯）。
3. 将冷水倒入茶壶进行加热。
4. 将水倒入茶海，进行温杯。
5. 用木质的茶量匙，将茶叶放入茶壶（约放入茶壶容积的四分之一或三分之一的量）。用木质漏斗形的茶则，可以轻松地将茶叶放入到茶壶。
6. 将水倒入茶壶，10 秒左右快速洗茶。然后倒空茶壶中洗茶的水。此步骤仅用于润湿和软化茶叶，洗茶后冲泡出来的茶汤滋味会更鲜润。
7. 在茶壶中倒满水，将盖子盖上，等待大约 30~40 秒，继续将热水倒入茶壶，防止其冷却。
8. 将茶壶中的茶汤倒入茶海。在此步骤中，可以使用滤网，避免叶片或者碎叶倒入饮杯中。
9. 将茶汤倒入细高的闻香杯，然后将闻香杯倒扣在圆圆的喝茶杯中。拿起闻香杯来闻茶叶的香气，即使闻香杯中没有茶汤，闻香杯依然会释放茶叶的清香。然后再品尝茶，细细地品茶，分三小口呡完。

乌龙茶可冲泡 5~7 次，每一次冲泡都会有所不同，茶汤更加细腻或者更加浓郁。建议多花点时间进行各种尝试，因为功夫茶的目标就是尽善尽美地冲泡出好茶。

大红袍

类型：乌龙茶
产地：中国福建武夷山

大红袍是福建最著名的乌龙茶，产于福建北部武夷山山区。

福建武夷山是受联合国教科文组织保护的、未受污染的地区，出产武夷岩茶，其中大红袍的品质是武夷岩茶中最好的，素“武夷山茶王”之美誉。这一经典之茶是从四株现存的明朝时期的亲本茶树扦插培育的；这四株亲本茶树，如今每一年还能采摘、加工制作几千克的茶叶。这几千克珍稀的大红袍茶，售价出奇高，达到每千克数万美元！真可谓是茶叶中的顶级奢侈品，能享受到这茶中极品的幸运儿寥寥无几！大红袍这一高山茶口感厚重，茶香醉人，耐久经泡，可冲泡 8~10 次，是乌龙茶爱好者必备的上佳茶品。

品茶心得

干叶：深褐色的叶片较大，条索紧结壮实，稍卷曲。

茶汤：呈深橙色；入口滋味圆润，茶香完美均衡，果香、辛香、花香、檀香味和烟熏味调和均匀。

叶底：带有棕黑色调的深色茶叶。

备茶

西式备茶：约 2~3 克干茶叶，每杯注入 150 毫升热水，水温以 90~95℃为宜，冲泡时间 5 分钟。

东方式备茶：约 5 克干茶叶，每杯注入 150 毫升热水，水温以 90~95℃为宜，每次冲泡时间为 30~50 秒，可冲泡 8~10 次。

推荐搭配：红肉、辛辣食物、咸味食物（如冷盘）、熏鱼、意大利面。

凤凰单枞

类型：乌龙茶
产地：中国广东省潮州

与大多数乌龙茶不同，凤凰单枞不是福建生产的，而是来自于福建与广东接壤的地区。中国的名贵茶叶，其起源往往笼罩着一层神秘的面纱，凤凰单枞的中文意思是“凤凰山的单丛茶树。”

凤凰单枞的鲜叶是从巨大的野生古茶树上采摘下来，这些茶树即使在森林里也算得上参天大树了。古茶树多达 3000 多棵，树龄都在百年以上。最古老的茶树如今仍然有一到两个分枝还能够产茶。因此，这种低氧化性的乌龙茶收成极为有限，每一种都非常独特。直到 20 世纪 60 年代，出现了一种新的育茶方式，能够生产出与野生古茶树特点非常接近的茶叶，茶叶产量才大大提高了。

品茶心得

干叶：浅浅的米绿色叶片，条索紧直，稍卷曲。

茶汤：呈金黄色；入口滋味浓醇，丝绒般滑润；茶汤油润鲜亮，花香与异国情调的果香、成熟鲜桃的芳香调和。

叶底：叶片较大，呈暗淡的绿色，叶缘带红边。

备茶

西式备茶：约2~3克干茶叶，每杯注入150毫升热水，水温以85~90℃为宜，冲泡时间5分钟。

东方式备茶：约 5 克干茶叶，每杯注入 150 毫升热水，水温以 85~90℃为宜，每次冲泡时间为 30~40 秒，可冲泡 5~6 次。

推荐搭配：微咸的食物、辛辣的食物、贝类、鱼，或者蔬菜天妇罗、猪肉、新鲜奶酪、水果、苹果馅饼、牛奶、白巧克力。

黄金桂

类型：乌龙茶
产地：中国福建安溪

福建安溪的黄金桂，没有同一茶叶家族的“表哥”铁观音那么声名远扬，却也是世界知名的乌龙茶之一。黄金桂是由黄旦品种茶树的鲜叶，通过与铁观音相同的制作工序，进行温和氧化制作，成品茶有桂花奇香。

在中国，黄金桂的历史悠久，最早可以追溯到清朝。在过去的几十年中，产于同一地区的铁观音大获成功，其风头已经盖过品质无可挑剔的黄金桂。直到最近黄金桂的品质又被重新发现，其优异品质再次得到关注与青睐。黄金桂是下午茶或者配餐茶的极佳之选。

品茶心得

干叶：浅绿色的叶子，外形紧结匀净，卷曲成珍珠般圆形。

茶汤：呈淡金黄色；滋味浓醇，花香馥郁，带有桂花、奶油和香草的香气，口感丝绒般滑润。

叶底：鲜亮的绿色，揉卷的叶片大而规则。

备茶

西式备茶：约2~3克干茶叶，每杯注入150毫升热水，水温以85~90℃为宜，冲泡时间5分钟。

东方式备茶：约5克干茶叶，每杯注入150毫升热水，水温以85~90℃为宜，每次冲泡时间为20~40秒，可冲泡5~6次。

推荐搭配：微咸的食物、贝类、奶酪、水果（如草莓）。

水仙茶

类型：乌龙茶
产地：中国福建武夷山

水仙茶和铁观音是在中国深受欢迎的乌龙茶品种，也是功夫茶道表演中最受欢迎的茶。大多数中国餐馆的菜单上都能找到水仙茶。水仙茶产于武夷山的高山之中，是高品质乌龙茶的代名词。

武夷山的乌龙茶，因为茶园周围岩石林立，故也被称为“岩茶”或“茶岩”。

水仙茶含有丰富的矿物盐，口感厚重，果香与花香馥郁，口感鲜爽。普通等级的水仙茶以烘焙焦香和木香为主，其叶子大于其他品种的乌龙茶。

品茶心得

干叶：茶叶条索长，按照传统叶端褶皱扭曲；重度氧化，干叶呈深褐色。

茶汤：呈深红棕色；高品质的水仙茶，焦香、木香、果香和兰香完美调匀，唇齿留香。

叶底：肥硕、坚韧，叶片大。

备茶

西式备茶：约2~3克干茶叶，每杯注入150毫升热水，水温以90~95℃为宜，冲泡时间5分钟。

东方式备茶：约5克干茶叶，每杯注入150毫升热水，水温以90~95℃为宜，每次冲泡时间为30~60秒，可冲泡5~6次。

推荐搭配：红肉、软压奶酪（鲁耶尔奶酪和埃曼塔奶酪）、意大利面。

铁观音

类型：乌龙茶
产地：中国福建安溪

铁观音用于功夫茶道，毫无疑问是中国最有名的乌龙茶。该茶产于福建闽南地区的安溪，有长达数千年的种植历史。

事实上，铁观音属于轻氧化茶，氧化程度为10%~15%，清香宜人，花香清雅。铁观音入口不涩，非常解渴，茶单宁含量低，适合在一天中的任何时间饮用。铁观音香气清高，没有回味缠绵之感，饮用之后唇齿留香，能够提升食物的美味，因此铁观音极其适合在两道大菜之间饮用。最近几十年，铁观音声誉鹊起，非常成功，一跃成为中国最普遍的茶叶之一。但是，由于该茶如今已经在远离其原产地的地区广为种植，其品质良莠不齐。

品茶心得

干叶：绿叶鲜亮，条索紧实，卷曲成珍珠般的颗粒。

茶汤：呈金黄色；极柔和的丝绒般滑润口感，带有丰富的、缠绵醉人的花香（茉莉、木兰、兰花、铃兰、紫藤、野花）。

叶底：墨绿色肥硕的大叶片。

备茶

西式备茶：约2~3克干茶叶，每杯注入150毫升热水，水温以85~90℃为宜，冲泡时间4分钟。

东方式备茶：约5克干茶叶，每杯注入150毫升热水，水温以85~90℃为宜，每次冲泡时间为30~40秒，可冲泡5~7次。

推荐搭配：辛辣的食物、微咸以蔬菜为主的菜肴、米饭、白肉，以及搭配烘焙美食小吃。

用功夫茶冲泡乌龙茶，玻璃壶、迷你喝茶杯，是品茶必不可少的配器。

中国台湾青茶（乌龙茶）

中国台湾出产世界上最好的几大品种的乌龙茶。

18世纪末，第一批来自福建的茶树，开始在台湾北部种植。台北气候温和湿润（夏季温度低于28℃，冬季温度高于13℃），雨量充沛，优越的自然环境有利于出产高品质的乌龙茶。

台湾的半氧化乌龙茶可以分为三类：轻度氧化茶（如包种茶）、珍珠形珠茶（如冻顶、金萱和熏香桂花茶、佛手茶）、高度氧化茶（如白毫乌龙茶）。台湾茶叶的主产区是南投县、台北县，以及台湾西北部的北埔、峨眉和阿里山。

包种茶

类型：乌龙茶

产地：台湾南投县奥万大

这种青茶产于南投县，生长在海拔大约1400米的高山茶园。包种茶是台北和台中地区的特产，由于其滋味鲜醇，成为深受人们喜爱的乌龙茶，享誉全球。目前这一品种的茶叶产量正在增加。

墨绿的茶叶经过轻度氧化，氧化程度在20%左右；茶汤色浅、鲜爽，类似绿茶；茶香清香幽雅，回味甘醇；其茶单宁含量低，适合一天中的任何时间饮用。

品茶心得

干叶：肥硕墨绿的开叶，呈条索状，微卷曲。

茶汤：呈淡金黄色；入口甘醇清新，花香馥郁（茉莉花和玫瑰花香）。

叶底：呈墨绿，带棕色叶缘。

备茶

西式备茶：约2~3克干茶叶，每杯注入150毫升热水，水温以85~90℃为宜，冲泡时间5分钟。

东方式备茶：约5克干茶叶，每杯注入150毫升热水，水温以85~90℃为宜，每次冲泡时间为20~30秒，可冲泡4~5次。

推荐搭配：微咸的食物、辛辣食物、鱼、禽肉、鸡蛋、猪肉、蔬菜、蜜汁甜食、甜味或者咸味可丽饼、水果沙拉（水果沙拉冷盘尤佳）。

冻顶茶

类型：乌龙茶

产地：台湾南投县奥万大

这是台湾出产的最好的乌龙茶之一，以南投地区的冻顶山而得名。茶园在海拔 1400 米左右，周围风光旖旎，自然环境极其优美，冻顶山以枫树林著称，每年秋天层林尽染，秋色醉人。“冻顶”的中文是“冰冷的山顶”，自从 19 世纪末以来，冻顶山种植来自武夷山（中国福建）的茶树，冻顶茶广为流传。

冻顶乌龙是轻度氧化茶，氧化程度大约为30%，茶汤甘醇鲜爽，茶香馥郁，其茶单宁含量低，适合下午或者晚上饮用。

品茶心得

干叶：条索紧结弯曲，色泽墨绿。

茶汤：呈深黄色；茶香特别，高调的香气为花香略带焦糖香味，中调渐渐演变成馥郁的香草花香。

叶底：开叶片出奇地大。

备茶

西式备茶：约2~3克干茶叶，每杯注入150毫升热水，水温以90~95℃为宜，冲泡时间5分钟。

东方式备茶：约 5 克干茶叶，每杯注入 150 毫升热水，水温以 90~95℃为宜，每次冲泡时间为 30~40 秒，可冲泡 5~7 次。

推荐搭配：该茶可以搭配多种多样的食物。其香草味的甘醇可以完美地搭配柠檬饼干、奶油焦糖和巧克力；其柔和的口感又极其适合搭配辛辣食物、蓝纹奶酪、大马哈鱼、薄切生牛肉片和羊肉。

高山金萱（奶味乌龙茶）

类型：乌龙茶

产地：台湾南投县奥万大

高山金萱出自南投地区，茶叶生长在海拔大约1400米的高山茶园。该茶也属于轻度氧化茶，氧化程度在20%。它是从冻顶乌龙茶树培育出来的一个新品种。冻顶乌龙茶与高山金萱都是台湾名茶，两者的区别在于高山金萱奶香味更加醇厚，也因此得名奶味乌龙茶。

品茶心得

干叶：黄绿色的茶叶，紧紧地卷曲成珍珠般的茶珠。

茶汤：呈金黄色，晶莹剔透；口感柔和滑润，回味无涩感，具有非常强烈的“乳味糖果”调（焦糖、奶油、炼乳）；茶汤细腻，滋味绵长。

叶底：大而浅绿色的叶片，花香浓郁。

备茶

西式备茶：约2~3克干茶叶，每杯注入150毫升热水，水温以90℃为宜，冲泡时间5分钟。

东方式备茶：约5克干茶叶，每杯注入150毫升热水，水温以90℃为宜，每次冲泡时间为20~40秒，可冲泡5~7次。

推荐搭配：苹果馅饼、焦糖布丁。

“东方美人”茶

类型：乌龙茶

产地：台湾南投县奥万大

这款氧化程度为60%的乌龙茶，出自南投地区，茶叶生长在海拔大约1400米的高山茶园。“东方美人”茶是白毫的变种，白毫的字面意思是“白色的尖尖”，是台湾生产的最有名的乌龙茶。

“东方美人”茶独树一帜得益于一个故事：夏季，在小叶蝉飞到茶园，蚕食了茶园鲜叶的叶缘之后，“东方美人”茶才开始采摘。小叶蝉被视为从天而降的使者，茶叶的新叶还长在茶树上，就因为小叶蝉蚕食了叶缘，氧化过程提早开始了。加工后的“东方美人”茶叶呈红棕色，带白毫。小叶蝉的啃食还改变了茶叶滋味，散发出典型的蜂蜜与桃子的香甜气息。“东方美人”茶以前的名称是台湾乌龙茶，女王伊丽莎白二世品尝该茶，第一口就心醉神往，因而改名为“东方美人”茶。

品茶心得

干叶：饱满黑褐色的叶片与银色的茶芽，带有果香、辛香调。

茶汤：呈清亮的琥珀色；桃香味突出，与蜂蜜的香甜、香草、辛香（肉桂甘草）和野生兰花香调和，后味绵长。

茶汤：叶缘带有明显的小叶蝉啃咬的痕迹；果香、辛香绵长，夹着丝丝木香。

备茶

西式备茶：约2~3克干茶叶，每杯注入150毫升热水，水温以90~95℃为宜，冲泡时间5分钟。

东方式备茶：约5克干茶叶，每杯注入150毫升热水，水温以90~95℃为宜，每次冲泡时间为30~40秒，可冲泡6~7次。

推荐搭配：杂豆汤、调味奶酪、辛辣食物、猪肉、烟熏鱼、冷盘。

佛手柑乌龙

类型：加香乌龙茶

产地：台湾南投县奥万大

佛手柑乌龙产自于南投地区最好的茶园，高山乌龙茶的花香与新鲜佛手花柑橘果香调和均衡，恰到好处。新鲜加工的茶叶与佛手花进行窨制，产生微妙的自然芬芳，征服你的心，让你觉得似乎该茶有被过度炒作、名不副实之嫌。佛手柑乌龙茶属于轻度氧化茶，其氧化程度为15%。

品茶心得

干叶：墨绿带黄芽，条索紧实卷曲，叶形酷似佛手柑。

茶汤：呈金黄色，清澈透明；微涩，柑橘果香和花香为主，后味带有微妙的蜜露香。

叶底：大而墨绿的叶子，带有丝丝极薄的佛手柑皮。

备茶

西式备茶：约2~3克干茶叶，每杯注入150毫升热水，水温以85~90℃为宜，冲泡时间5分钟。

东方式备茶：约5克干茶叶，每杯注入150毫升热水，水温以85~90℃为宜，每次冲泡时间为20~40秒，可冲泡5~7次。

推荐搭配：贝类、黑巧克力或白巧克力、微咸的食物、碳水化合物和水果。

桂花乌龙

类型：加香乌龙茶

产地：台湾南投县奥万大

这一精妙的“甘露”来自南投地区，该地区是台湾优质茶叶的主产区之一。高山茶园位于海拔1400米的高山，茶叶采摘之后，进行低氧化加工，氧化程度在12~15%。东方人很喜爱桂花的香气，因此常在乌龙绿茶或者乌龙红茶中加进桂花进行提香。桂花属于常青植物，木樨科，花朵黄白色，香气馥郁，类似玉兰、栀子花和小苍兰的香味。这个加工过程是通过窨制，让桂花香味自然地传递到乌龙茶叶上，与制作茉莉花茶类似。茶叶和桂花之间反复接触，直到乌龙茶的果味与桂花芳香之间达到完美平衡。喜欢新鲜、轻度氧化的乌龙茶的爱茶者，桂花乌龙茶很值得品尝。

品茶心得

干叶：呈黄绿色，条索紧实卷曲。

茶汤：呈金黄色，晶莹剔透；柔和滑润，毫无涩味；前调以花香为主，基调是细腻而绵长的果香。

叶底：大而浅绿色叶片，叶缘暗红色。

备茶

西式备茶：约2~3克干茶叶，每杯注入150毫升热水，水温以85~90℃为宜，冲泡时间5分钟。

东方式备茶：约5克干茶叶，每杯注入150毫升热水，水温以85~90℃为宜，每次冲泡时间为20~40秒，可冲泡5~7次。

推荐搭配：鱼、蔬菜天妇罗、甜点、咸味煎饼、水果、白巧克力。

双层玻璃杯能够隔热，更适用于以红茶之类的需要高水温冲泡的茶。

红 茶

据中国的颜色分类，中式红茶就是那些西方通常称为“black tea”的茶。中式红茶的茶汤颜色较深，这是因为茶叶在加工过程中受到的高氧化造成的（而不是一般人错误地认为是发酵而成）。

萎凋、揉捻、氧化和干燥是红茶生产的基本阶段。

第一阶段，鲜叶被摊晒在架子上，任其萎凋，鲜叶能够挥发60%的水分，使叶片更柔软、更容易加工，在后续制茶过程中叶片不容易破损；揉捻工艺能够释放鲜叶的精油，让茶叶达到所需的形状。

然后，通过酶的活性进入氧化程序，给茶叶“上色”——变成红茶。这是在红茶加工中最重要的一个阶段，茶叶散放在架子上进行风干，从而获得其独特的香气和典型的被氧化的茶的颜色。在最后干燥阶段，储存之前，随着茶叶里水分的进一步减少，茶叶呈较深的暗红色。

对于完全氧化茶，有各种不同的分类方式。

在本书中，我们将使用下列标准：

- 1.“红茶”（Red Tea）这一术语指中国生产的茶叶；
- 2.按照使用最广泛的术语，术语“Black Tea”（黑茶）将用来指亚洲其他国家生产的茶，即印度黑茶、斯里兰卡黑茶等。

特殊制茶工序成就了氧化茶典型的暗红色茶汤。

中式红茶

中国红茶传统上的产地是安徽、云南、福建等省。世界著名的祁门红茶——英国王室最喜爱的一款茶——来自安徽祁门。据相关报道，祁门红茶是英国女王喜爱的红茶，她的生日庆祝活动专门预备该茶。

祁门红茶和滇红红茶，都出产于中国的大山中，属于中国最好的红茶。其生长地的气候和地质条件得天独厚，非常适合高品质的茶叶种植。祁门红茶和滇红红茶的香气馥郁，果香、可可香、焦香和熟果香完美调和。

还有一款著名的红茶——正山小种，主要出口西方，是一款烟熏茶，其英文名称 Lapsang Souchong 更加广为人知。此茶在中国被称为“为西方人做的茶”，主要产于福建武夷山区。

如何冲泡红茶

这里我们推荐使用陶瓷、玻璃和陶土茶壶来冲泡红茶。如果你极爱云南红茶或烟熏茶，那应该专门备一把宜兴紫砂茶壶用来泡红茶，紫砂壶的壶壁上有细小的沙孔，天长日久，冲泡出来的茶滋味更加特别。

冲泡红茶的水温以 90~95℃为宜。可以按个人的品茶喜好，一次泡 3~4 分钟，也可以每次冲泡 40 秒左右，冲泡 4~5 次。

在开始两种泡茶方法之前，都要用沸水烫洗茶壶，将洗茶壶的水倒空，然后加入茶叶，再进行冲泡。

冲泡 300 毫升（1 杯多）茶汤，理想的干茶叶量大约为 6 克（大约 1 汤匙）。

第一次冲泡之前，不需要快速洗茶。

正山小种

类型：红茶
产地：中国福建桐木

正山小种（小叶品种）是一款非常特殊的红茶，采用松针或松木熏制而成。该茶叶声名远扬，在西方的知名度更高。原创的正山小种出自桐木——福建武夷山的一个小村庄。这里一个汪姓的人家从明朝开始就生产制作正山小种茶叶，到如今，这一特殊的制茶手艺代代相传，已经超过 24 代。

正山小种烟熏茶的那种奇特的苦味，让品茶者两极分化——要么大爱，要么厌恶，没有中间地带可取。烟熏味完全扼杀了茶叶的香味，因此该茶采用小种茶——叶片硕大，芳香烃含量和单宁含量都很低。

品茶心得

干叶：叶片呈深褐色，烟熏味强烈（烟熏培根的味道）。

茶汤：呈琥珀色，浓酽之茶，入口烟熏味绵长不绝。

叶底：叶片为棕色偏米色。

备茶

约 2~3 克干茶叶，每杯注入 150 毫升热水，水温以 95℃为宜，冲泡时间 3 分钟。

推荐搭配：鱼肉（金枪鱼、鳕鱼）、野味、加味奶酪、鸡蛋。

祁门红茶

类型：红茶

产地：中国安徽祁门

该茶产于安徽祁门，多年来一直被视为是中国最好的红茶。祁门红茶（英文为 Keemun）茶汤浓酽，茶香馥郁持久，带有清雅的兰花香，是近代才开始生产的红茶品种。

公元 1876 年，有一位告老还乡的重臣，将他在福建做官时学到的红茶加工技术带回祁门，结果大获成功——祁门红茶真是茶中女王。说到茶中女王，还有一个小花絮，据可靠消息说祁门红茶是英国女王的至爱饮品。

品茶心得

干叶：条索紧细、乌黑，叶片肥硕带金芽。

茶汤：汤色红艳亮泽，带有果香和悠长的兰花清香；口感柔和滑润，毫无涩感。

叶底：暗红色的叶子，香气调匀，带有果香、焦香和可可香。

备茶

约 2~3 克干茶叶，每杯注入 150 毫升热水，水温以 90~95℃为宜，冲泡时间 3 分钟。

推荐搭配：红肉、软奶酪（勒布罗匈、卡门贝、戈贡佐拉）、鸡蛋、比萨。

云南金芽

类型：红茶
产地：中国云南灵云

制作该红茶，全部采用云南灵云水库高山茶园生产的金芽（故称之为金芽）。这一地区出产最好的滇红红茶，“滇红”的滇是云南的简称，“红”指的是氧化茶的颜色。云南的茶树品种与特殊氧化工艺处理，赋予了茶叶独特的红色。冲泡之后，杯中的红茶散发出微妙的果香与花香——典型的云南最珍贵红茶的茶香。

这是一款韵味深长的茶，适合作为早餐茶，也适合一天中的任何时间饮用。

品茶心得

干叶：叶片白毫覆盖，颀长的茶芽带金尖。

茶汤：呈琥珀红色，香气馥郁独特，花香与蜜香调和均衡，并带有丝丝木香。

叶底：鲜亮的红褐色，嫩叶整齐。

备茶

西式备茶：约2~3克干茶叶，每杯注入150毫升热水，水温以90℃为宜，冲泡时间2~3分钟。

东方式备茶：约5克干茶叶，每杯注入150毫升热水，水温以90℃为宜，每次冲泡时间为20~40秒，可冲泡4次。

推荐搭配：欧陆式早餐、微咸的食物、烤肉、羊肉、杏仁甜点、牛奶、白巧克力、罐头水果和比萨，均可完美搭配。

红毛峰

类型：红茶

产地：中国云南临沧

红毛峰是滇红茶中最珍贵品种之一，是云南红茶的原产茶。鲜叶带着一层茶毫，茶芽呈金色，茶园位于临沧地区海拔 1000 米以上的高山。

冲泡之后，茶汤呈鲜艳亮红色，滋味甘甜，香气清雅。

这是一款梦幻般的茶叶，适合一天中的任何时间饮用。

品茶心得

干叶：金黄色卷曲之叶。

茶汤：在杯中呈现出活泼亮泽的深红色，它会释放出微妙的花香与果香调和的绵长滋味，夹着成熟的水果味、丝丝麦芽香与可可香，口感细腻、独特。

叶底：芽头林立，鲜亮的红褐色。

备茶

西式备茶：约 2~3 克干茶叶，每杯注入 150 毫升热水，水温以 90℃为宜，冲泡时间 2~3 分钟。

东方式备茶：约 5 克干茶叶，每杯注入 150 毫升热水，水温以 90℃为宜，每次冲泡时间为 20~40 秒，可冲泡 4 次。

推荐搭配：欧陆式早餐、烤肉、野味、烟熏鱼、杏仁甜点、牛奶、白巧克力、水果罐头和苹果派，均可完美搭配。

根据英国的传统，黑茶最好用瓷质茶壶冲泡。

印度与斯里兰卡黑茶

在19世纪，印度出产了第一批茶。英国人曾研究能否利用来自中国的茶种在他们的殖民地种植茶树。然而，他们对茶树种植与茶叶制作一窍不通，也缺少日积月累的专门技巧，研究项目以失败告终。罗伯特•布鲁斯尝试在阿萨姆邦种植他们在中国观察到的类似茶树的植物，也失败了。1836年，在加尔各答售出第一批茶，质量非常差。到那时候，只剩下一种可能的解决方案：英国王室派出一位叫罗伯特•福琼的植物学家，前往中国窃取茶树种子，当然最重要的是，窃取大规模种植茶树的秘诀。

到19世纪下半叶，茶叶生产从阿萨姆邦扩大到尼尔吉里和大吉岭，这些区域靠近喜马拉雅山。在随后的几十年时间，英国从印度进口了大量的茶叶，远远超过从中国进口的茶叶数量。印度生产的黑茶不仅仅用于出口，也满足本地市场的消费需求，印度人每天都得喝“茶”，印度人喝的茶实际上是一种黑茶、香料、糖和牛奶混合的芳香饮品。印度的茶叶一年采摘四季——春季（3月、4月），夏季（5月、6月），季风季节（7月、8月）和秋季（10月、11月）——每个季节采摘的茶叶香气各不相同。最受行家们追捧的茶叶是第一季的春茶（first flush）和第二季的夏茶（second flush）。第一季的春茶，茶汤清淡，微涩，花香中带有丝丝肉豆蔻与绿色杏仁的味道；第二季的夏茶，茶汤有着果味肉豆蔻的香味，口感比第一季的春茶更爽滑、圆润、浓郁。

19世纪，斯里兰卡大面积种植咖啡，引发了一场大的寄生虫灾。后来，茶叶种植逐渐取代了咖啡种植，使该国成为全球第二大茶叶生产国，主要产茶地区有：加勒、康提、努沃勒埃利耶、拉特纳普勒、汀布拉和乌瓦。斯里兰卡的茶叶不仅按照产地分类，还按照茶园的海拔高度分类，故此，有高地茶（1200米以上），中段茶（1200~600米之间）和低地茶（600米以下）之分。

如何冲泡黑茶——英式茶

冲泡英式茶的茶艺规则如下：

1. 选择水性温和的水、泉水或者固化物恒定的水，将其加热到 90~95℃；
2. 将热水倒入茶壶，静候片刻，然后将烫壶之水倒出；
3. 茶叶量可以按照一杯一茶勺、一壶再加一茶勺，进行添加。
4. 倒入热水，大吉岭第一季茶大约冲泡 2~3 分钟，其他印度茶或锡兰茶冲泡 3 分钟。
5. 过滤后，倒入白瓷杯，端上敬茶。

完美的下午茶，必须配备茶点——英式松饼、浓缩奶油、草莓酱、三明治、蛋糕和糕点。

英国人喝茶，喜欢在茶中加牛奶和一两块方糖。

大吉岭凯瑟顿顶级夏茶

类型：黑茶

产地：印度大吉岭凯瑟顿庄园

这是典型的早餐茶，有着高品质的大吉岭夏茶特有的“奇妙麝香”与珍稀水果香味。当地有一种叫小叶蝉的昆虫蚕食茶树的鲜叶，在鲜叶采摘之前就开启了茶叶的氧化过程，营造出夏茶的典型果香。大吉岭麝香味夏茶以其优雅的香气、圆润均衡的口感，深受人们喜爱。凯瑟顿庄园位于北部的可颂地区，茶园在1000米至2000米之间的高山，是最有名的、珍贵的大吉岭茶的原产地之一。麝香味大吉岭夏茶从19世纪末开始生产，是相当有“历史感”的印度茶叶。

品茶心得

干叶：茶叶呈深栗色，茶叶带金尖。

茶汤：呈暗橙色带金色色调；口感柔和，带果香（葡萄、李子、柑橘类水果）、花香和木香调。

叶底：均衡、绚丽的深栗色。

备茶

约2~3克干茶叶，每杯注入150毫升热水，水温以90℃为宜，冲泡时间3分钟。

推荐搭配：欧陆式早餐、团子、夹馅意大利面、柠檬鸡、蘑菇乳蛋饼、甜味或咸味可丽饼、橙味酥皮点心、苹果派和蜂蜜糖果。

大吉岭高帕德哈拉顶级春茶

类型：黑茶
产地：印度大吉岭高帕德哈拉庄园

高帕德哈拉茶园位于弥津山谷，海拔在1700~2200米之间，茶树茂盛。高帕德哈拉是大吉岭最高的茶园，世界第二高的茶园。高山严峻的气候条件，使得茶叶的开采要比普通茶园晚4~5周；寒冷的气候条件也影响茶叶的口感，比起海拔高度较低地区的茶叶，这里生产的茶叶口感更加细腻。

品茶心得

干叶：墨绿色的大叶片，条索紧实卷曲带银蕾，果香与花香夹着丝丝焦香。

茶汤：微涩，呈亮泽的铜黄色；花香高调，带果香——有柑橘类水果的香味、杏仁和香草的芳香，滋味独特。这款经典茶，凡品尝者皆赞不绝口。

叶底：叶片以绿色为主，略带几许褐色。

备茶

约2~3克干茶叶，每杯注入150毫升热水，水温以85~90℃为宜，冲泡时间3分钟。

推荐搭配：大吉岭黑茶可以完美搭配欧陆式早餐和碳水化合物；还可以完美配搭烤鱼、鲑鱼、奶酪（如布里干酪、莫扎里拉乳酪）、羊肉、鸡蛋和新鲜水果。

大吉岭蔷帕娜顶级夏茶

类型：黑茶

产地：印度大吉岭蔷帕娜庄园

蔷帕娜庄园隐藏在喜马拉雅山脉的心脏地带，出产的茶叶以其特有肉豆蔻的香气而闻名于世。这里生产高品质茶叶已经长达一个多世纪，“奇妙麝香”这一名词表示大吉岭夏茶具有典型的肉豆蔻果香。有与中国台湾白毫乌龙茶一样的说法：一种叫小叶蝉的夏季昆虫，蚕食茶树的嫩叶，从而改变其化学成分。在氧化阶段，正是小叶蝉的蚕食啃咬使得茶叶带有特别的果香和木香。蔷帕娜庄园靠近大吉岭市，茶园朝南的地理位置得天独厚，坐落在海拔1000米至1400米的高山上；加上茶园山高路远，与世隔绝，外人很难进入。迄今为止，茶叶都是靠村中的男人用木箱背下山。最起沏上一杯蔷帕娜5–6月份的次摘茶，无论加牛奶还是清茶，都是一饱口福的好享受。该茶口感柔软，唇齿留香，可以与最好的乌龙茶媲美。

品茶心得

干叶：叶片呈深栗色。

茶汤：呈橙色，带有金色色调；柔软，弥漫着果香（葡萄、李子）、花香和木香。

叶底：呈暗栗色；花香、果香绵长，略带辛香。

备茶

约2~3克干茶叶，每杯注入150毫升热水，水温以90℃为宜，冲泡时间3分钟。

推荐搭配：与欧式早餐、蜂蜜糖果、甜味或咸味煎饼、橙味酥皮点心，都是理想搭配。

大吉岭玛格丽特的希望
顶级春茶

类型：黑茶

产地：印度大吉岭玛格丽特的希望庄园

在喜马拉雅山的群峰衬托下，大吉岭显得异常美丽，玛格丽特的希望庄园就位于大吉岭。

除了美丽的自然风光，这里出产的茶叶素有“茶中香槟”之美誉，其茶叶生产历史可以追溯到1860年。

茂密的雨林、野生兰花和厚厚的台绒，营造了理想的茶树种植环境，茶树种植与其周围的生态环境水乳交融。

这款茶是第一季茶的一个变种，茶叶柔软，纹理美丽，体现了玛格丽特的希望庄园出品的黑茶奇妙莫测风格，该茶有珍稀华丽的花香与味道宜人的杏仁果香。

品茶心得

干叶：略带圆形的叶片鲜亮，茶芽带银尖；强烈而清新的花香带着微妙的果香和丝丝“法式奶糖”的甜润。

茶汤：呈黄色，带金色或琥珀色色调；微涩，口感饱满绵长、滑润；高调清新的花香，伴随缥缈、成熟的水果香、坚果（杏仁）香和辛香。

叶底：鲜亮的绿色夹杂着棕色和红色的芽尖，花香与果香绵长持久。

备茶

约2~3克干茶叶，每杯注入150毫升热水，水温以85℃为宜，冲泡时间2~3分钟。

推荐搭配：根据其茶单宁含量，这款茶可以完美配搭碳水化合物、香味乳蛋饼、鸡蛋、冷盘、羊肉、野味、腌制和熏制的鱼、巧克力。

大吉岭思尤克顶级春茶

类型：黑茶

产地：印度大吉岭思尤克

这款茶是思尤克庄园生产的第一季有机茶，该庄园位于无污染的弥津山谷，海拔高度在1100~1800米以上。

这一地区横跨印度和尼泊尔边界，有干城章嘉山脉作为天然屏障，喜马拉雅山的风光美得令人叹为观止。茶树种植始于1869年，最近引进了有机种植方法，其有机茶的种植面积已经达到150多公顷。

云雾缭绕、高山冷峻凌厉的空气、充沛的降雨、若隐若现的阳光，这一切因素赋予了这款经典茶优异的品质。这款茶如今是受原产地命名保护的。该茶既可以做早餐茶，也可以做下午茶，而且最好是清茶一杯，不加牛奶，不加柠檬，也不加方糖。

品茶心得

干叶：翠绿色的大叶片交织着丝丝银色和榛子棕色花纹。

茶汤：呈金黄色；微涩，带有花香、香草味和杏仁的果香，是典型的大吉岭第一季茶的芳香。

叶底：叶子呈浅绿色，带有榛子棕色叶尖；清淡焦香衬托得花香更加馥郁。

备茶

约2~3克干茶叶，每杯注入150毫升热水，水温以85℃为宜，冲泡时间2~3分钟。

推荐搭配：根据其茶单宁的含量，这款茶可以完美配搭欧陆式早餐、碳水化合物、乳蛋饼、三文鱼、羊肉和巧克力。

阿萨姆哈提阿里顶级夏茶

类型：黑茶

产地：印度阿萨姆哈提阿里庄园

庄园的名字取自于哈提·阿里，意思是“大象之路”。

由于得天独厚的地理位置和气候条件，哈提阿里庄园整年都能生产高品质的茶叶。

品茶者若喜爱经典的印度黑茶的浓郁醇厚，这款茶绝对值得一试。

这款茶是绝美的早餐茶，加入牛奶之后滋味也非常完美。

品茶心得

干叶：规则的大叶片，金色芽头所占的比例很高。

茶汤：呈深琥珀色，浓郁饱满；芳香辛辣，麦芽香、果香、可可香味完美平衡；滋味醇厚绵长，毫无疑问是阿萨姆出产的最好的茶。

叶底：墨绿与红色、棕色相间。

备茶

约 2~3 克干茶叶，每杯注入 150 毫升热水，水温以 90℃为宜，冲泡时间 3 分钟。

推荐搭配：理想搭配是欧陆式早餐或者英式早餐、烤肉与蘑菇。

阿萨姆班奈斯帕提顶级春茶

类型：黑茶

产地：印度阿萨姆班奈斯帕提庄园

班奈斯帕提庄园生产的茶叶，会满足你对高品质阿萨姆黑茶的所有期望：这款黑茶带着独特的麦芽香气，口感醇厚浓郁，是完美的早餐茶。

第一季茶的口感丰富、香气浓郁饱满。在欧洲，阿萨姆第一季茶，真可谓是“养在深闺人未识”，了解其品质的茶客并不多；反而是第二季茶知名度高一些，第二季茶经常用于制作混合茶，是生产混合伯爵茶的原料之一。

品茶心得

干叶：规则的深褐色茶叶带着金芽。

茶汤：呈琥珀色；口感诱人，略带辛香、麦芽香和木香，味道醇厚绵长。

叶底：茶叶呈深色，带有果香、木香和麦芽香。

备茶

约 2~3 克干茶叶，每杯注入 150 毫升热水，水温以水温以 90℃为宜，冲泡时间 3 分钟。

推荐搭配：麦芽香衬托出三文鱼的美味；与欧陆式早餐、红肉和黑巧克力搭配相得益彰。

印度的阿萨姆黑茶，以其特有的麦芽香味和琥珀色著称，是出类拔萃的早餐茶。

努沃勒埃利耶高地茶

类型：黑茶

产地：斯里兰卡努沃勒埃利耶

努沃勒埃利耶地区的高地茶，茶园位于海拔 1200~1800 米。高地茶清香淡雅，其名气可以与法国香槟媲美。高海拔和终年寒冷的气候，使得茶树生长十分缓慢，鲜叶异常娇小，干燥后带有橙色色调；茶园周围生长的野薄荷、桉树和柏树，也为茶叶增添了独特的自然风味。

品茶心得

干叶：叶片大小很平均，偶尔会有较长的叶子，而且有时候叶片呈浅绿色——这在该地区是相当不寻常的。

茶汤：与斯里兰卡生产的其他品种茶叶相比，该茶呈橙黄色，汤色略浅；清淡细腻却很有特色，适合制作夏季冰镇茶。

叶底：墨绿色叶子略带铜黄色。

备茶

约 2~3 克干茶叶，每杯注入 150 毫升热水，水温以 90~95℃为宜，冲泡时间 3 分钟。

推荐搭配：欧陆式早餐（面包、果酱、奶酪）、英式早餐（煎鸡蛋、煎培根面包）、微咸的食物、奶酪（如菠萝伏洛干酪）与蜂蜜糖果。

卢哈纳金尖茶

类型：黑茶

产地：斯里兰卡卢哈纳马特勒区

卢哈纳是古老的锡兰南岛地区，卢哈纳茶被视为是斯里兰卡的珍珠，该茶属于低地茶，茶园在海平面至海拔 600 米之间。卢哈纳金尖茶精选金色长芽的芽头制作，其生产数量非常有限，质量极高。与其他黑茶不同的是，金尖茶是轻氧化茶，产自于特别肥沃的辛哈拉加雨林附近的茶园，那里的湿度、降雨量和特殊土壤造就了金尖茶独特的滋味，茶香独树一帜。

品茶心得

干叶：长长的金色茶芽带有柔软的茶毫。

茶汤：呈琥珀橙色；清新细腻的香味带有花香、果香和蜜香。

叶底：叶片非常匀称规则，呈栗色；花香绵长，高调略带焦香和辛香。

备茶

约 2~3 克干茶叶，每杯注入 150 毫升热水，水温以 90℃为宜，冲泡时间 3 分钟。

推荐搭配：欧陆式早餐、微咸的食物、香菇、蔬菜、鱼、水果馅饼。

乌瓦高地茶

类型：黑茶
产地：斯里兰卡乌瓦

该茶产于努沃勒埃利耶和迪不拉东部的乌瓦地区，位于斯里兰卡岛的中部高原，是海拔超过 1200 米的高地茶之一。专家认为当地的气候条件成就了该茶的独特滋味，乌瓦地区多风，有东北风和西南风，甚至还有季风，气候相对干燥。因为群山环绕，山上有众多的断崖裂缝能够下泄季风带来的雨水，分流到低矮的山坡。干燥的季风干扰茶树正常的光合作用；高地昼夜温差巨大——白天非常热，夜晚却非常寒冷，茶树由此产生的化学变化，大大改善了乌瓦茶的滋味。

品茶心得

干叶：长而卷曲的茶叶，几乎呈黑色，夹杂零星的棕色斑点。

茶汤：呈深棕红色；口感甜润微涩，略有薄荷清香和异域风情的木香与辛香；该茶经常用来制作混合茶，清饮最佳。

叶底：深棕色的叶片偏古铜色。

备茶

约 2~3 克干茶叶，每杯注入 150 毫升热水，水温以 90~95℃为宜，冲泡时间 3 分钟。

推荐搭配：欧陆式早餐（面包、果酱、奶酪）、英式早餐（炒西红柿、油炸面包、鸡蛋、熏肉）、蘑菇烩饭、粗麦饼、蔬菜、白肉、比萨、萨拉米香肠和酸豆。

在西方，喝发酵茶并不流行，但是鉴于发酵茶的珍贵性，西方对发酵茶的关注度在日益提高。

发酵茶

最有名的发酵茶非普洱茶莫属，普洱茶品种繁多，有散茶，也有压紧茶；压紧茶又有不同形状——砖茶、饼茶、沱茶、金瓜茶。普洱茶是大叶种茶树所生产的茶，这一品种的茶树生长在云南南部与老挝和缅甸接壤的地区；采摘的茶叶要想被冠名为普洱茶，鲜叶必须是在日光下晒干，然后经过天然或者人工掌控的发酵。普洱茶目前归类为黑茶，但是，近年来，中国专家一直在争论是否应该专门为普洱茶创建一个新的茶叶类别。

中国黑茶产于云南、湖南、四川、湖北和广西地区，中国黑茶又称边销茶，因为主要消费人群在边境地区。中国西南边境地区群山起伏，山高路陡，人迹罕至。历史上，茶叶是靠马匹运送到西藏、香港和澳门这些地区的。多年来，茶马古道连接了不同的文化、民族和宗教，将喝茶传统传遍全球。

普洱茶要经过真正的发酵过程。从化学观点看，发酵与氧化是有很大区别的，发酵要通过存在于茶叶中的微生物进行，而不是通过与氧气接触。

普洱茶是唯一发酵的茶，也是唯一在出售前必须进行窖藏的茶，窖藏年头越久，普洱茶特有的香气就越醇厚。

而且，最有价值的普洱茶品种都不能制作完毕就饮用，要储存起来进行陈化。

普洱茶的加工过程最初包括高温杀青，以阻止氧化反应和酶的活性；接下来揉捻叶片以释放其精油，为茶叶定形；然后在太阳下晒干，直到叶子失去 90% 的水分含量。到这个阶段，茶叶可以进行渥堆并喷洒水进行自然的发酵。

在最后干燥阶段，将茶叶散开，通风干燥，从而释放出任何残留的水分。

自唐朝起，这些“药茶”药用价值就一直备受称赞。

从 20 世纪 70 年代以来，许多西方的研究也承认普洱茶有助消化、显著降低血液中坏胆固醇的水平、减少脂肪和糖的吸收等作用，普洱茶变成名副其实的减肥饮食。基本上，每天喝 3 杯发酵茶，就相当于犒劳自己享受了健康的甘露。

用这款不带壶嘴的茶壶，蓝花白瓷，可以重复冲泡 10 ～ 12 次，提高普洱茶的香气。

如何冲泡发酵茶

冲泡发酵茶，建议使用白瓷茶壶或宜兴紫砂茶壶。在中国，有成套的白色或者带有装饰图案的瓷质茶具，专门用来冲泡发酵茶，即不带壶嘴的茶壶和略带扇形的茶杯，与其他类型的中国茶具有所不同。

为了正确地冲泡发酵茶，建议你遵循以下步骤：

1. 将茶壶、公道杯和茶杯放茶桌上，配备一只能够接水的特殊茶盘。

2. 将水加热至 95℃之后，倒入茶壶，接着对公道杯和茶杯进行烫温。

3. 倒出洗茶具的热水，把茶叶放入茶壶（每 2/3 杯或 150 毫升，放入约 5~6 克干茶叶）。如果是压紧茶，用一把特制的茶刀，从茶砖上切下所需的茶叶量。最好是冲泡小块的普洱茶，如果普洱块过大，又压得很紧，是无法达到理想的冲泡效果的。

4. 将热水倒在普洱散茶或者普洱茶块上，快速洗茶。

5. 倒出洗茶水，开始正式冲泡。冲泡 1 分钟左右，将茶汤倒入公道杯，再分别倒入其他的茶杯，上茶。

用中国功夫茶的冲泡方法，发酵黑茶一次冲泡 1 分钟，大约可冲泡 10~12 次。

如果你喜欢使用西式冲泡方法，用 2~3 克茶叶，每杯注入 150 毫升热水，每次冲泡时间约 4~5 分钟。

普洱茶“茶饼”。需用特制的茶刀来切压紧茶，横向切下所需要的茶饼大小，这样可以避免把茶叶压碎。

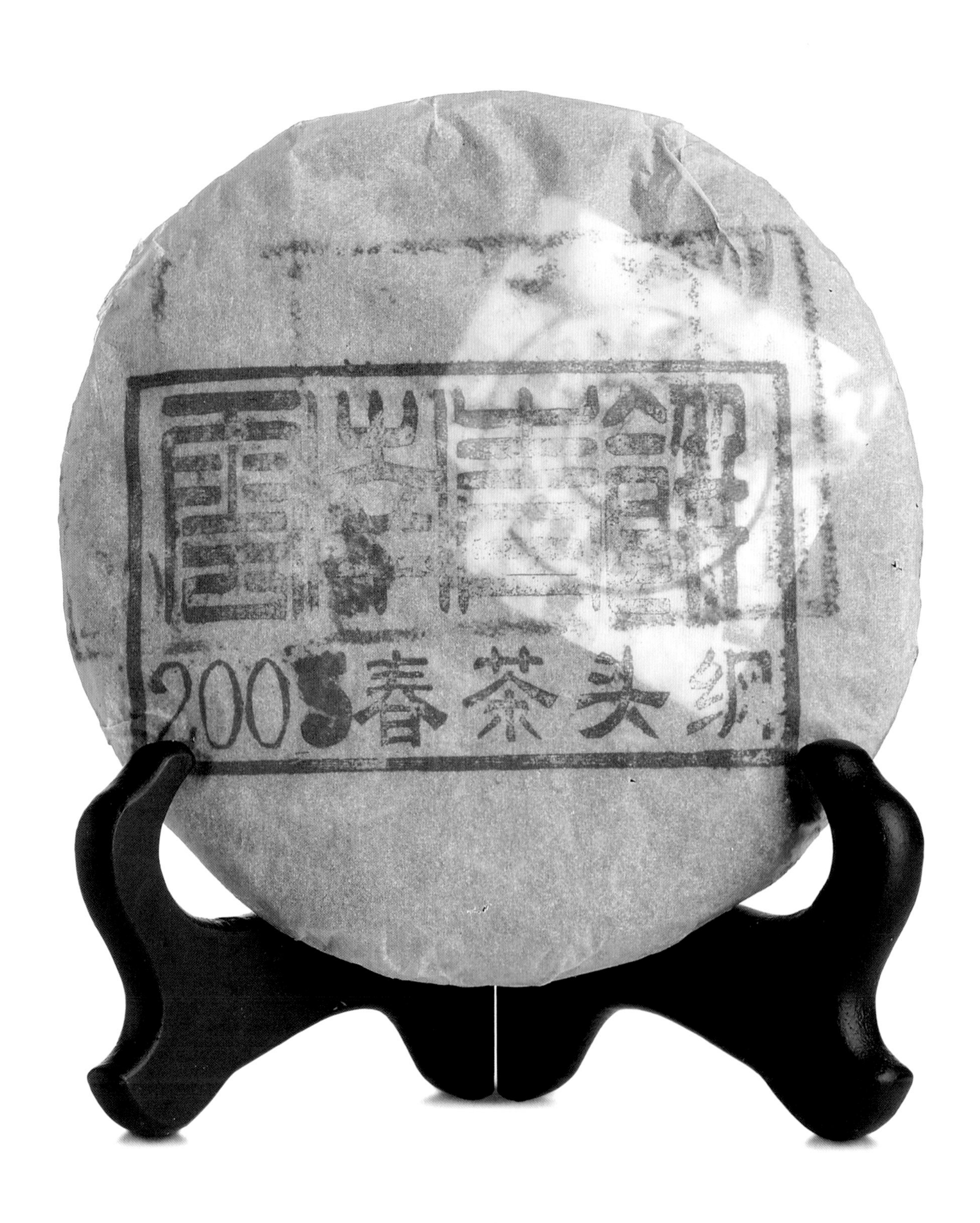

普洱生茶——茶饼

类型：发酵茶

产地：中国云南临沧

普洱茶青（又称为普洱生茶），最初的几道加工程序与绿茶相似。鲜叶采摘之后，传统上是在阳光下进行摊晒晾干的，这一特别的加工方式，使得普洱生茶成为独一无二的茶品。

如果天气条件不利，或者需要快速干燥，鲜叶就只能进行烘烤处理，但是，必须说明的一点是，烘烤并不影响普洱茶的质量。鉴于普洱茶的日益普及，生产者也越来越倾向于使用人工的方法来加快鲜叶的干燥过程，操作过程需要非常仔细。在传统制茶工艺中，烘烤只用于烘干已经压紧的茶叶，以去除残余的水分，防止产生霉菌。因此，普洱茶芳香四溢、茶汤滋味层次感强。

除了饼茶之外，普洱生茶还有其他不同的尺寸和形状：造型如小鸟巢状的（沱茶或者迷你沱茶）、正方形或者长方形的砖茶、瓜形的金瓜茶，以及散茶。

刚刚制作完成的普洱生茶茶饼略带苦涩味。生茶清香而绵长，但是要经过一个"陈放"阶段。随着时间的推移，茶的滋味会改善，茶香也会更加玄妙有层次感。品尝陈放后的普洱生茶，是很奇妙的体验。一旦陈放恰到好处，普洱生茶的品质往往高于普洱熟茶。

品茶心得

干叶：茶饼呈灰绿色，表面可见茶芽。

茶汤：呈暗黄色；茶汤略带苦涩，有时候会有腥味，但是陈放之后腥味会渐渐消失。

干叶：叶子呈卡其绿。

备茶

西式备茶：约2~3克干茶叶，每杯注入150毫升热水，水温以95℃为宜，冲泡时间4分钟。

东方式备茶：约5克干茶叶，先快速洗茶，然后每杯注入150毫升热水，水温以95℃为宜，每次冲泡时间为1分钟，可冲泡多达10次。

推荐搭配：搭配以蔬菜为主的第一道主菜和鱼为主的第二道主菜。

普洱熟茶——茶饼

类型：发酵茶

产地：中国云南临沧

红普洱茶（又称为普洱熟茶），前期加工过程类似普洱生茶的制作工艺，然后加上一个密闭的后发酵过程，加快其陈放，以获得类似陈放多年的普洱生茶的风味。

在第二道发酵中，将茶叶堆放好，覆盖上特殊的防水篷布，发酵 40~60 天左右。

普洱生茶的“陈放”是靠岁月的流逝才能完成的；与之不同的是，普洱熟茶，在第二道发酵工艺完成之后，就可以饮用了。

普洱熟茶是一项创新。为了应对不断增加的市场需求，在 20 世纪 70 年代初，引入了第二道发酵工艺。20 世纪 70 年代是发酵茶历史上的一条明确的分界线，在此之前的所有普洱茶都是正宗的、自然的发酵，化学反应不依靠人工引发。

品茶心得

干叶：茶饼呈巧克力色，表面有浅色金芽。

茶汤：呈非常深的琥珀色，油亮清澈；茶香带有木香、灵芝和森林大地的香气；入口甘甜细腻，滋味鲜香，绵长持久。

叶底：深色的叶片，带有强烈的麝香、湿土香和木香。

备茶

西式备茶：约 2~3 克干茶叶，每杯注入 150 毫升热水，水温以 95℃为宜，冲泡时间 4 分钟。

东方式备茶：约 5 克干茶叶，先快速洗茶，然后每杯注入 150 毫升热水，水温以 95℃为宜，每次冲泡时间为 1 分钟，可冲泡多达 10~12 次。

推荐搭配：鸡蛋、调味奶酪、红肉、冷盘和蘑菇。

普洱茎茶——茶砖

类型：发酵茶

产地：中国云南思茅

这是一种不同寻常的压紧、发酵普洱茶，是云南思茅的特产，思茅是中国历史上最古老的产茶区之一。在云南最南端的大山里，有古老的野生茶树，生长长茎茶叶。这种独特的黑茶，是采用长茎茶叶柔嫩的茎梗进行制作的。茶的茎梗与茶的叶子有所不同，茶茎梗中的氨基酸成分最为丰富，氨基酸在细胞修复程中起到至关重要的作用。这个品种的普洱茶，比其他普洱茶更柔软、更细腻，想要欣赏典型森林气息茶香的品茗客，该茶值得一喝。该茶茶单宁含量极低，一天中的任何时间都很合适饮用。

品茶心得

干叶：砖茶的茎梗呈巧克力色。

茶汤：呈深琥珀色；茶香带有木香和森林湿润大地的香气；入口柔和细腻，滋味鲜香。

叶底：深色的叶片，带有强烈的麝香、湿土香和木香。

备茶

西式备茶：约2~3克干茶叶，每杯注入150毫升热水，水温以95℃为宜，冲泡时间4分钟。

东方式备茶：取约5克干茶叶，先快速洗茶，然后每杯注入150毫升热水，水温以95℃为宜，每次冲泡时间为1分钟，可冲泡多达10~12次。

推荐搭配：鸡蛋、调味奶酪、红肉、冷盘和蘑菇。

伏茶上品——茶砖

类型：发酵茶
产地：中国湖南安化

这是一款经典的、最有名的中国黑茶之一。千百年以来，中国传统医学一直用这款茶来治疗消化系统的问题，帮助人们进行减肥，因为这茶有抗心津失常作用，还有降低胆固醇、抗菌等性能。发酵伏茶中含有丰富的肠道菌群，是身体里的天然抗生素。尽管西方人对这一品种的茶知之甚少，但是在中国西藏和西北地区以高蛋白饮食为主的地区，伏茶的影响力巨大。茶不仅是矿物质和维生素的极好来源，还可以有效地控制血液中糖和脂肪的含量。由于茶叶的营养特性，对于缺少水果和蔬菜的饮食，茶能起到一定的补充作用。这种黑茶原名胡茶，后来改称为伏茶，因为这一品种的茶是在中国夏天最热的伏天进行压紧制作的。伏茶与普洱茶的不同，在于其发酵的第二个阶段，加入一种叫“金花”益生菌菌种，这种“金花”菌种的学名叫“冠突散囊菌”。金花的颗粒越大，则黑茶品质越好。

品茶心得

干叶：色泽黝黑的茶叶，压紧制成砖茶。

茶汤：呈橙黄色；甜而不涩，茶香带有花香与木香；高品质的茶汤，入口味道绵长持久。

叶底：茶叶呈深褐色接近黑色。

备茶

东方式备茶：约 5 克干茶叶，每杯注入 150 毫升热水，水温以 80℃为宜，每次冲泡时间为 20~30 秒，可冲泡 3 次。

推荐搭配：清淡的杂豆汤、红肉、调味奶酪。

深加工茶

熏花茶、风味茶和造型茶

正如我们前面谈到的，中国茶叶分为六大类，是根据茶叶的颜色和采摘之后的加工工艺进行分类的。

不同茶叶类别的加工工艺各不相同，一旦基本加工过程完成之后，成品，或者“纯”产品，就可以出售了。在某些情况下，对成品茶再进行深加工，生产出“深加工茶。”

深加工茶这个大类包括熏花茶、风味茶和花朵造型茶。

“熏花”和“风味”茶的工艺，是中国的古老传统，可以用于对任何“纯”茶进行深加工。加香茶的主要产区是广西、福建、四川和云南。

在熏花茶中，加工好的茶叶与鲜花进行“窨制”，比如加茉莉花、栀子花、橙花、桂花和玫瑰花，与茶叶接触吸收鲜花的自然香味。

一旦鲜花细腻香味释放完毕，就把鲜花从茶叶中捡出。当然，为了起到画龙点睛的作用，即使窨制过程完成了，还会留下些许花朵作为点缀。

当然，熏花茶比风味茶更细腻清淡，风味茶不是通过将茶叶与鲜花进行自然接触，而是通过添加自然或者人工的香料，来达到类似花香、果香和辛香的风味。

造型茶也属于深加工茶的这一大类。造型茶是将茶芽集束造型，制成令人耳目一新的不同形状：如球形、蘑菇形、塔形，甚至还有佛形。造型茶的茶汤带有淡雅的花香，同时提供极具视觉冲击力的体验。

造型茶可谓是静心茶，精致的“盛开之茶”，让品茶者享受杯中花朵舒展摇曳的美丽景象——令人赏心悦目，唇齿留香。

透明的玻璃杯，让品茶者欣赏到茶之花在杯中舒展摇曳的美好画面。

20道茶点食谱

厨师：乔瓦尼·吕吉耶

茶聚时间

与

上茶建议

茶是世界上第二大饮品，第一大饮品是水，一天之内几乎任何时间都可以品茶。很难界定什么时候是喝茶时间，因为任何时候都可以尝试新的茶点与茶的搭配，咸甜皆宜。

茶是理想的佐餐饮品，能够“清口”，加强食品的风味，一个原因是，茶适合趁热喝，还有就是热饮能够提升我们的味觉。

什么茶搭配什么食物，其实并没有什么硬性规定，而是根据个人口味的喜好来决定的。然而，遵循一些基本的准则，品茶者就能够找到风味独特的食物与最合适的茶的和谐搭配。

通过不断尝试与实践，才能够找到理想的平衡状态，提供全新的、令人愉悦的感官体验。各种味觉元素之间应该是相互提升，而不是一种味觉特别强烈，或者完全遮盖其他味觉；无论是味觉元素相近或者对比较强，重点是要找到微妙的感官平衡。味觉元素对比强烈的，最难找到合适的食物搭配，但同时又是最能够体现原创性、最能够出彩的。在这种情况下，茶要营造出与食物滋味完全不同的味觉体验：如果搭配的菜比较油腻，茶必须是清新、温和、略带收敛性的；甜食则需要用浓郁、微苦的茶来冲淡一些；风味强烈的或者烟熏食品，需要用口味清淡茶来搭配；而且，茶作为菜的配角，上菜的时候，要喝热茶。

糖、蜂蜜和奶油甜点，能够提升略带甜味的花香或果香。

最常见的搭配

- 微咸食品：中国绿茶、乌龙茶、印度黑茶
- 碳水化合物：印度或者斯里兰卡黑茶、乌龙茶
- 绿色蔬菜：乌龙茶、中国绿茶、日本绿茶
- 鸡蛋：发酵茶、熏茶
- 鱼：中国绿茶、日本绿茶、白茶
- 软体动物：日本绿茶
- 白肉：中国绿茶、日本绿茶、白茶、黄茶、印度黑茶
- 红肉：熏茶、中国红茶、印度黑茶
- 烟熏食品：印度黑茶、乌龙茶
- 贝类：佛手柑乌龙茶、中国绿茶
- 新鲜乳酪：中国绿茶、日本绿茶，茉莉龙珠茶
- 蓝纹奶酪：茉莉龙珠茶、白茶、中国红茶
- 熟干酪：烟熏茶
- 辛辣食物：茉莉龙珠绿茶、中国绿茶、乌龙茶
- 黑巧克力：印度黑茶、佛手柑乌龙茶
- 牛奶巧克力或者白巧克力：乌龙茶
- 蘑菇：发酵茶、印度或者斯里兰卡黑茶
- 水果：中国绿茶、乌龙茶、印度黑茶
- 坚果：黄茶
- 酥皮糕点：印度黑茶、黄茶

饮用建议：玉露茶

红虾拼盘配
抹茶绿色沙拉酱和芽菜

4人份

准备虾仁的食材

12只西西里红虾，去头、去壳

油：适量　盐：适量　柠檬汁：几滴

制作沙拉酱的食材

蛋黄：1枚　盐：2克　柠檬汁：10滴

特级初榨橄榄油：150毫升　抹茶：10克

装盘用食材

红萝卜、白萝卜、大叶新芽

食用格柏维菊花瓣：少量

烹　制

虾仁冷冻12个小时。一旦解冻（要在室温下解冻，这一点很重要），加入油、少许盐和几滴柠檬汁进行腌制。

烹制沙拉酱，蛋黄加入盐和柠檬汁打散，充分打匀后，淋入初榨橄榄油，醇厚的蛋黄酱就烹制完毕。最后，加入抹茶，轻轻搅拌。

为了避免芽菜和装饰性花瓣失去爽脆的口感，用湿纸巾包裹放入冰箱冷藏，上菜前拿出来装盘点缀。

饮用建议：云南金茶

菊芋霜配云南金茶粉、甘草绿油小麦酥

4 人份

制作菊芋霜的食材

菊芋：400 克　特级初榨橄榄油：10 毫升（2 茶匙）

盐：6 克　鲜奶油：200 毫升（约 3/4 杯）

水：3 汤匙（50 毫升）

制作甘草绿油小麦酥的食材

香菜：200 克　特级初榨橄榄油：250 毫升　小麦面粉：50 克

黄油：50 克　蛋清：50 克　盐：7 克　佛手柑乌龙茶粉：3 克

甘草末：8 克　云南金茶粉：8 克　食用嫩萝卜叶：少量

烹　制

烹制奶油，菊芋去皮切成小块，锅内加入特级初榨橄榄油，高温烤制 2 分钟，使其略带焦黄；加入盐，再加入奶油和水；将温度调低，盖上锅盖炖 20 分钟。菊芋煮熟之后，用手动搅拌器打成菊芋奶油糊，如果太稠，可以加一点水。

烹制绿油前，先将根茎摘除后的香菜叶焯水 20 秒，然后放入冰水中进行冷却。挤掉香菜中多余的水分，放入食物搅拌器，加入特级初榨橄榄油，打开搅拌器搅 10 分钟，直到油质变成墨绿色；将香菜绿油用干酪布进行过滤，去除叶渣。

烹制脆片，将所有配料一起搅拌放入搅拌器，均匀地混合。用一个小汤匙，将搅拌好混合糊按条状铺在高温烘焙纸上，温度 180℃，烤 6 分钟。

装盘，先放入奶油糊，然后加芽菜和装饰花瓣（装盘的时候，花瓣始终是最后进行点缀的），放入脆皮、甘草粉和茶粉，最后滴入绿油。由于甘草具有很强的回味，用拇指和食指取少量甘草粉，快速撒在菊芋霜表面；云南金茶粉也同样操作。

饮用建议：铁观音

花草色拉配食用鲜花、黑色普洱茶锅巴

4 人份

制作黑色普洱茶锅巴的食材

意大利卡纳诺利大米：250 克　橄榄油：适量

黑普洱茶叶：14 克　烹饪油：适量

制作花草色拉的食材

红叶莴苣：1 小棵　嫩散叶卷心莴苣：1 小棵　晚收菊苣：1 小棵

真提利奈绿莴苣：1 小棵　菊苣：1 小棵　苦苣：1 棵

细叶芹、红萝卜、白萝卜、向日葵、洋葱大叶芽菜、玫瑰花、紫罗兰和食用格柏雏菊花瓣：适量

烹　制

大米中加入橄榄油烤热变色，然后淋入淡盐水漫过大米，盖上盖子，像做烩饭一样，慢慢煮熟。米饭煮熟之前 10 分钟，加入普洱茶，然后继续焖。烩饭必须煮大约 40 分钟，焖制到呈现浓稠的奶油状，但是要留心不要煮得太湿。然后将米饭放入食物搅拌器，搅拌到细腻的奶糊状，完全没有颗粒结块。将搅拌好的米糊，条状铺在硅胶烘烤垫上，条状米糊间留出足够空隙。完全烤干后，呈脆片状，放入热油锅快速烹炸，捞出控油。

将准备好的食材，进行装盘，制成沙拉。很重要的一点是，沙拉酱要在最后浇入，以保持花草食材的生脆口感。轻轻颠动沙拉盘，既不损伤叶菜，又能使其在盘中保持蓬松造型。

饮用建议：茉莉龙珠茶

清蒸蔬菜配茉莉花茶奶油土豆泥

4人份

制作清蒸蔬菜的食材

小的红萝卜：16个　托斯卡纳白菜：8片　晚季菊苣：1棵，分成4份

苣荬菜：1棵，分成4份　甜菜：1小棵　菠菜：8根

萝卜：4个　萨沃伊白菜叶：4片　特级初榨橄榄油：适量

食盐：适量（用于蔬菜清蒸后调味）

制作土豆泥的食材

土豆：500克　鲜奶油：350毫升

盐：6克　茉莉龙珠茶：16克

烹　制

将蔬菜洗净切好，单独蒸制。蒸制几分钟之后，将蔬菜取出摆放入盘，盖上纸巾吸除多余的水分，撒入盐，淋上少量橄榄油。

将土豆放入锅中煮45分钟，然后去皮，放入食物搅拌机，加入奶油、盐和茉莉龙珠茶。搅拌几分钟，使其相互融合，直到茶香味完全释放出来。

装盘，使用公匙，将搅拌好的土豆泥呈条纹状铺在盘底，然后摆放蒸好的蔬菜。很重要的一点是，要淋入足够的初榨橄榄油，使蔬菜油润有光泽，令人食欲大开。

饮用建议：佛手柑乌龙茶

意大利乳清干酪、虾仁配佛手柑乌龙茶

4 人份

鲜虾：8 只

佛手柑乌龙茶：15 克

水：400 毫升

鲜牛奶乳清：400 克

木薯粉：6 克

装盘用食材

豌豆：少量

萝卜苗：少量

细叶芹：适量

黄色紫罗兰花瓣：少量

烹　制

虾必须是非常新鲜的，最好是活的。将虾去壳，冷冻 12 小时。使用 400 毫升水和 10 克茶叶，制成佛手柑乌龙茶的茶汤；另外 5 克茶叶磨碎，放入一个小碗里。搅拌乳清，加入 2 汤勺（40 毫升）茶汤和 5 克茶叶粉调味。将解冻后的虾仁放入茶汤中，用 80℃水煮 2 分钟。

将剩余茶汤加入木薯粉，煮 10 分钟，使之浓缩凝结。

此时就可以装盘了：在汤盘中，放入几个小圆球状的乳清，点缀上浓缩并且冷却后的乌龙茶凝胶，然后放入虾仁，最后点缀上豌豆、萝卜苗、细叶芹和花瓣。

乌龙水仙大馄饨配红萝卜、萝卜缨和甜菜粉

4 人份

制作大馄饨的食材

0 类面粉：大约 300 克　粗粒小麦粉：大约 200 克

蛋黄：大约 375 克

制作大馄饨馅料的食材

乳清：400 克　水仙乌龙茶：大约 12 克，细细碾磨

盐：大约 3 克　现磨黑胡椒：2 克

制作配菜的食材

小叶萝卜叶：600 克　绿叶萝卜：8 个

水仙乌龙茶粉：10 克　牛油：100 克

烹　制

制作面皮：将面粉加入蛋黄进行和面，直到面团光滑均匀。

将用作馅料的乳清，加入水仙乌龙茶粉、盐和胡椒，腌制调味。

制作馄饨：用擀面杖将面团擀成约 1 毫米厚的薄皮，切成边长 5 厘米的正方形，中间放入馅料，正方形对折成三角形，封住馅料，就做成了经典馄饨。

将萝卜叶和红萝卜清洗干净，放入盐水中煮沸，不要超过 2 分钟。融化黄油，在馄饨上撒上少量水仙乌龙茶粉，加一点融化的黄油提味。黄油融化后关火，加入馄饨、萝卜缨、红萝卜，用大号的汤盘进行装盘。

日式玄米茶茶汤配蔬菜、豆芽、花瓣

4 人份

制作汤的食材

水：大约 800 毫升

玄米茶：大约 22 克

小胡萝卜：8 个（胡萝卜叶备用）

紫萝卜：8 个

芹菜：100 克

小茴香球：8 个

卷心菜：150 克

盐：大约 8 克

装盘用食材

青芹：250 克

少量红色玫瑰花瓣

少量大蒜和向日葵新芽

豌豆苗：70 克

烹　制

按照所指示的水和茶叶量，准备玄米茶茶汤。冲泡 5 分钟后，用一个细网筛进行过滤。

将小胡萝卜、紫萝卜、芹菜、小茴香球、卷心菜清洗干净，切成大小相仿的块状，放入盐水中煮沸 2 分钟。

将玄米茶茶汤倒入一个汤盘，加入煮沸的蔬菜。最后，将小麦苗、花瓣和其他芽菜放入点缀。为了保持蔬菜和芽菜的松脆，快速装盘，趁热上菜。

日式煎茶配红萝卜叶意式烩饭

4人份

特级初榨橄榄油：25 毫升（约 2 汤匙）

意大利维阿龙圆米：350 克

白葡萄酒：大约 100 毫升

煎茶：10.5 克

用于焗烩饭的黄油：30 克

特级初榨橄榄油：50 毫升（大约 3 汤匙）

盐：适量

红萝卜缨：少量

烹　制

将较多的盐水煮开，泡涨大米。在一个大平底锅里加入橄榄油，将米饭略煎一下，加入少量盐调味，直到饭粒吱吱作响。加入白葡萄酒，小火煨米饭，直到白葡萄酒完全蒸发；然后加入盐水，再加入煎茶茶汤，大火煮 12 分钟。

最后，等米饭几乎吸干了水分，加入黄油和剩下的橄榄油，米饭中加入一厨勺水，用力搅拌烩饭，让烩饭中的淀粉都释放出来。咸淡调整合适之后，装盘。上菜之前，将萝卜缨轻轻落到意式烩饭上，以保持生脆。

饮用建议：大吉岭蔷帕娜黑茶

正山小种配意式乳酪培根面

4人份

制作意大利面的食材

正山小种茶：30克

粗粒小麦粉：600克

水：160毫升

蛋黄：200克

帕马森乳酪：300克

现磨黑胡椒粉：15克

盐：8克

奶油：1000毫升

正山小种茶粉：适量

烹　制

正山小种茶叶磨成茶粉，与粗粒小麦粉混合均匀，直到麦粉上均匀地分布黑色的茶粉；接着加入水，搅拌5分钟，直到面团有韧性，麦香十足。将面团放入面条机，用2毫米宽青铜模具，挤出面条，在不锈钢烘焙板上铺纸巾，放入冰箱。

在此同时，将蛋黄、帕马森乳酪、盐和胡椒粉放入不锈钢碗中混合，然后倒入双层厚底锅内，加入奶油，温度设定为82℃，进行加热。加热过程中，采用手动打蛋器，不停地搅动，以防蛋黄结块。

将一锅盐水烧开，放入意大利面，高火煮2分钟，控干水分，将帕马森乳酪奶油拌入意大利面装盘，撒入一小撮正山小种茶粉。

饮用建议：大吉岭凯瑟顿黑茶

意式土豆奶酪饺子配大吉岭黑茶

4 人份

制作芳提娜奶酪的食材

芳提娜奶酪：200 克

蛋黄：3 枚

全脂牛奶：250 毫升

制作大吉岭黑茶汤食材

大吉岭茶凯瑟顿黑茶：20 克

水：500 毫升

制作干酪土豆球的食材

黄色土豆：2000 克

蛋黄：4 枚

帕马森乳酪干酪：70 克（磨碎）

盐：9 克

0 类面粉：300 克

装盘用食材

少量萝卜新芽

烹　制

将芳提娜奶酪切成块，放入双层厚底锅内，再加入蛋黄和牛奶，温度 80℃，进行搅拌混合，然后再使用手动搅拌器继续搅拌均匀，放入裱花袋内，冷冻大约 2 小时。

土豆放入盐水中煮大约 45 分钟，去皮，在木制菜板上，用土豆捣碎器捣碎，摊凉，然后加入蛋黄、帕马森乳酪、盐和面粉。快速揉面，不需要在面团上花太多的时间（越揉，面越软）。用 2 张烘焙纸包裹住面团，最大宽度拉到 0.5 厘米，然后将面团切割成边长大约 4 厘米的正方形，中间放入芳提娜奶酪，然后像包饺子一样将土豆面皮封边。

最后，用准备好的茶叶和水，冲泡大吉岭黑茶，浸泡 5 分钟，茶汤用细网筛过滤。

将土豆奶酪意式饺子煮 2~3 分钟，然后放入汤盘中，倒入大吉岭热茶汤；最后，撒上萝卜新芽，上菜。

饮用建议：冻顶乌龙茶

冻顶乌龙茶小羊排配菊芋霜

4 人份

制作冻顶乌龙茶浓汁的食材

冻顶乌龙茶：14 克

水：200 毫升

木薯粉：8 克

制作羔羊肉的食材

小羊排：2 块（每块大约 350 克）

特级初榨橄榄油：适量

黄油：适量

鼠尾草：适量

迷迭香：适量

月桂叶：适量

制作配菜的食材

小甜菜：4 棵

小茴香球：4 个

特级初榨橄榄油：适量

盐：适量

制作菊芋霜的食材

菊芋：1000 克

鲜奶油：400 毫升

装盘所需食材

冻顶乌龙茶粉：适量

烹　制

冲泡冻顶乌龙茶汤，茶叶在茶水中浸泡 4 分钟，然后用细网筛过滤；加入木薯粉，小火熬制 20 分钟以上；装入裱花袋，放凉，至少 4 小时。

修整羊排，剪除多余的肥肉，在不粘锅里加入少量特级初榨橄榄油，将小羊排煎成四面焦黄；再加入黄油和香料，小火，用勺子不断将热黄油浇到羊排上，烤熟，里面肉色呈粉红色。一条一条切开羊排，放置几分钟，让多余的血水渗出。

将甜菜和小茴香球煮熟，浇上一点橄榄油，撒上盐。

在盘中滴入几滴冻顶乌龙茶浓汁，摆放好羊排，上面放上甜菜和小茴香球，再撒上少量冻顶乌龙茶粉，上菜。

饮用建议：龙井茶

龙井大虾配爽口蔬菜

4 人份

制作配菜的食材	制作大虾的食材	装盘用食材
西葫芦：3 个	龙井茶：12 克	细叶芹：适量
胡萝卜：3 根	水：400 毫升	绿色豌豆苗：少量
小茴香：4 棵	大虾：8 只	食用格柏雏菊花瓣：少量
芹菜：2 根		龙井茶叶：少量

烹　制

清洗蔬菜，取下西葫芦的白色囊，纵向切成四块，然后切成斜刀块；胡萝卜和芹菜切成长条形。蔬菜放入不粘锅高温煎炒，再加入 1 厨勺水，让水分挥发。

在此期间，准备茶汤，让茶叶在热水中浸泡 3 分钟。关火，过滤，然后将事先已经去壳的虾，放入茶汤中浸泡 4 分钟，这样能保持虾肉的肉质鲜嫩，煮沸容易肉质变老。

将大虾与爽脆蔬菜一起装盘，加入芹菜、芽菜、花瓣和少量龙井茶叶点缀，上菜。

饮用建议：薄荷绿茶

珍珠鸡腿肉配胡萝卜泥和摩洛哥薄荷茶

4人份

烹制珍珠鸡腿的食材

芹菜：50克　胡萝卜：50克

洋葱：50克　珍珠鸡腿：4只

油：适量　白葡萄酒：150毫升

番茄酱：10克　盐：适量

胡椒：适量

烹制胡萝卜泥的食材

胡萝卜：400克

特级初榨橄榄油：100毫升

盐：适量

烹制摩洛哥茶浓汁的食材

薄荷绿茶：8克

水：200毫升

木薯粉：8克

装盘用食材

菠菜叶：400克

鲜薄荷叶：少量

盐：适量

烹　制

将芹菜、胡萝卜、洋葱切成小块，加少量盐，炒至焦黄。同时，在不粘锅里加入少量橄榄油，将珍珠鸡腿双面煎成焦黄色，再加入白葡萄酒煨，煮沸；加入番茄酱，将芹菜、胡萝卜，洋葱丁调味原汁一起倒入锅内，煮约45分钟左右，中途根据情况调节汤水，加入盐和胡椒进行调味。在煮珍珠鸡腿的同时，准备胡萝卜泥：胡萝卜洗净去皮，切成小块，加入特级初榨橄榄油和盐，煎至略黄，加入少量水，盖上锅盖焖烧；煮到汤汁剩下一半，倒入打浆机，再加入一些特级初榨橄榄油和盐搅拌。

冲泡摩洛哥薄荷茶，使之冷却，过滤，然后加入木薯粉，小火煎熬，直到茶汤呈现胶状均匀的浓汁。

在大量的盐水中，将菠菜焯几分钟，但不要焯过头，否则菠菜颜色和脆性就全毁了。

珍珠鸡腿煮45分钟之后，装盘，配上胡萝卜泥、摩洛哥薄荷茶浓汁、菠菜、新鲜的薄荷叶；煮珍珠鸡的汤汁过滤之后，煮沸，使汤汁浓稠，制成美味鸡肉调味汁。上菜。

饮用建议：凤凰单枞

油炸小香鱼配芽菜和桂花乌龙茶浓汁

4人份

小香鱼：600克

制作面糊的食材

玉米淀粉：100克

0类面粉：300克

酵母：5克

苏打水：200毫升

植物油：1000毫升

制作桂花乌龙茶汤的食材

桂花乌龙茶：20克

水：200毫升

木薯粉：8克

装盘用食材

细叶芹的：适量

绉叶苣或者生菜：少量

紫罗兰花瓣：少量

烹　制

将玉米淀粉和0型面粉放入碗中混合，加入酵母和苏打水，并用手搅拌，直到面糊柔软光滑为止；放入冰箱最低温区激冻。

把煎炸油放入大小合适的锅内，温度设定为180℃。

在加热油的过程中，冲泡桂花乌龙茶茶汤，加入木薯粉，小火熬制大约25分钟，直到茶汁浓缩；放凉，放入裱花袋。

小香鱼和面糊准备就绪。将小香鱼放入面糊中浸裹，一条一条炸，这样在烹制过程中不会粘连。

在上菜盘中，用裱花袋挤入大小不等桂花乌龙茶浓汁，每一滴茶汤浓汁滴上，放一条油炸小香鱼；撒上芹菜、绉叶苣和花瓣进行点缀。上菜。

饮用建议：大红袍

煎鸡心配黄山毛峰烩蔬菜和荞麦糊

4人份

制作荞麦糊的食材（比玉米糊略薄的麦糊）

盐水：500毫升（根据需要使用）

塔拉戈奈玉米粥（玉米加荞麦的配方）：200克

制作蔬菜的食材

芹菜：400克

特级初榨橄榄油：适量

盐：适量

晚季菊苣：150克

烹制鸡心的食材

鸡心：600克

盐：适量

胡椒：适量

特级初榨橄榄油：适量

冲泡黄山毛峰茶汤的食材

黄山毛峰茶：10克）

水：200毫升）

烹　制

在一口小锅里，将水烧开，少量撒点盐，撒入荞麦玉米糊，用打蛋器不断搅拌，煮45分钟。

在此期间，将芹菜洗干净，斜切成菱形块，长短不超过一英寸；加入特级初榨橄榄油快速爆香，放入盐，煎炒大约1分钟；再加入适量的水进行烹制。

将菊苣根清洗干净，留下最里面的叶子。放入盐和胡椒腌制鸡心；用特级初榨橄榄油高火翻炒鸡心，直至炒成焦黄；然后添加黄山毛峰茶汤煨制，直到汤汁变厚变稠。

将烹制好的食物摆放在上菜盘中，上菜。

饮用建议：番茶

抹茶提拉米苏

4人份

制作手指饼干的食材

鸡蛋：4枚

糖：250克

00类面粉：280克

柠檬碎皮适量

浸泡饼干糖浆的食材

水：400毫升

糖：400克

番茶粉：18克

野花蜂蜜：5克

制作马斯卡邦奶油的食材

糖：200克

蛋黄：8枚

马斯卡邦芝士：400克

抹茶粉：20克

轻奶油：200克

烹　制

准备制作手指饼干，先用电动搅拌器将蛋清与糖一起打发25分钟，蛋糊打发得非常坚硬后，撒上面粉，轻轻从底部往上翻拌，以防结块，然后加一点柠檬碎皮。不粘烤盘内铺上牛皮纸，将混合面糊倒入，温度设定为175℃，烤25分钟。完成后，等待几分钟，让饼干冷却，然后切成约2×6厘米的长方形。

准备浸泡饼干糖浆，将所有相关配料混合在一起，然后在糖浆中迅速地蘸一下饼干，再把饼干均匀地摆放在烤盘中。

同时，准备奶油，将糖与蛋黄一起充分打匀，直到蓬松、轻盈发白；少量多次加入打碎的马斯卡邦奶酪和抹茶粉，最后放入打匀的轻奶油，一起打发均匀。

将烘焙好的整块手指饼干放入平底锅，用饼干切割刀切成手指大小整齐地码放在盘中，浇上马斯卡邦奶油，抹茶提拉米苏甜点就制作完成了。

饮用建议：荔枝绿茶

巴伐利亚奶油酸奶配香草和荔枝绿茶汁

4 人份

制作奶油的食材

水：200 毫升

糖：100 克

明胶：10 克

柠檬：半个

酸奶：250 克

鲜奶油：200 毫升

制作香草和绿荔枝茶酱的食材

蛋黄：3 枚

糖：50 克

香草精华：5 克

牛奶：500 毫升

地绿荔枝茶：20 克

装盘用食材

细叶芹：适量

红色玫瑰花瓣：少量

新鲜薄荷叶：少量

烹　制

制作巴伐利亚奶油时，先将水和糖烧开；提前将明胶放入冷水中泡软，倒出多余的水分，在烧开的糖水中加入明胶，将其融化，从炉子上拿开；搅拌，使明胶没有固体残渣凝结。然后，在制作好的糖水明胶中加入柠檬汁、酸奶。注意，不能在煮沸的锅里搅拌，要在室温下操作。接下来打发奶油，将奶油和制作好的糖水明胶一起打匀，倒入选择的模具，放入冰箱，至少冷藏 4 小时。

制作酱汁时，先将蛋黄、糖和香草混合均匀；煮沸牛奶，加入用绿荔枝绿茶粉调味；然后将鸡蛋与砂糖混合糊少量多次加入，继续搅拌。用双层锅，将温度设定在 82℃，倒入混合物不断搅拌，放在水和冰块上激凉，煮好之后继续搅拌以防结块。

甜点装盘，点缀细叶芹、花瓣和薄荷嫩芽。上菜。

饮用建议：佛手柑乌龙茶

白巧克力酱配佛手茶和紫罗兰

4 人份

制作水果薄酱的食材

白巧克力：500 克

牛奶：350 毫升

糖：80 克

冲泡佛手柑乌龙茶茶汤的食材

佛手柑乌龙茶粉：15 克

水：100 毫升

装盘用食材

红色和黄色紫罗兰花瓣：少量

新鲜薄荷嫩叶：少量

烹　制

在双层底锅内，加入糖与牛奶，加热到 50℃，将巧克力融化。

将冲泡佛手柑乌龙茶茶汤，倒入巧克力，用滤布进行过滤。

将巧克力薄酱装盘，点缀上花瓣、新鲜薄荷嫩叶，撒上佛手柑乌龙茶茶粉。

很重要的一点是，融化巧克力的温度不能超过 50℃，如果温度过高，很可能导致巧克力营养成分流失。

饮用建议：薄荷绿茶

72%黑巧克力慕斯

配黑盐薄脆片和摩洛哥薄荷茶蜜

4人份

制作慕斯的食材

72%黑巧克力：250克

糖：180克

水：100毫升

明胶：12克

奶油：600毫升

装盘用食材

粗盐片：4克

紫色、红色玫瑰花瓣和食用大丁草：少量

雏菊花瓣、细叶芹：适量

新鲜薄荷嫩叶：少量

制作摩洛哥薄荷茶浓缩汁的食材

水：200毫升

薄荷绿茶：8克

明胶：5克

烹　制

用双层底锅，将巧克力与糖一同融化；提前将明胶放入冷水中泡软，倒出多余的水分，放入一起融化；打发奶油，加入巧克力中。

制作摩洛哥的薄荷茶浓缩汁时，将水烧开，关火，加入薄荷茶，冷却6分钟，加入明胶（之前已融化并冷藏），在冰箱里至少冷藏3小时，使其凝固。使用裱花袋，在盘中先点缀一些薄荷茶浓缩汁时，然后再摆放巧克力慕斯球。

将慕斯在冰箱里冷藏至少4小时，在慕斯退冰后，用汤匙挖出四个慕斯球，每一盘中间放一个慕斯球，然后点缀花瓣，摆放细叶芹和新鲜薄荷嫩叶，撒上少许盐片。上菜。

饮用建议：蒙顶黄芽

热榛果薄荷蛋糕配榛果和绿色玄米茶奶油

4 人份

制作蛋糕的食材

鸡蛋：7 枚

糖：300 克

碎榛子：370 克

玄米茶：8 克

发酵粉：3 克

制作榛子奶油的食材

榛子糊：100 克

奶油：50 毫升（大约 3 汤匙）

糖：50 克

碎榛子：30 克

烹　制

制作蛋糕时，将蛋白与蛋黄分离，加入糖打发蛋黄，加入榛子碎粒和玄米茶混合；再加入泡打粉和打发好的蛋白，蛋白要事先打发到硬性发泡。连体蛋糕模具上抹上油脂，将混合好的面糊一一舀入，放入烤箱，温度 170℃，烤 25 分钟。

制作榛子奶油时，将所有配料放入不锈钢碗中，倒入双层底锅中煮，温度设定为 65℃，将锅中的食材加热变厚。

有一个小贴士可以让人品尝到蛋糕最香醇的滋味：榛子蛋糕要趁热上，充分烤制后即刻香喷喷地端上来。

术语汇编

在这一部分中，我们提供简明扼要的词汇汇编，归纳整理用于品茶和对茶叶质量评价方面的专业术语。

以下汇编只是提供一般性的介绍，以传递茶世界中不寻常的、生动的表达方式。

该词汇列表不是完全的、技术精准的词汇汇编，一部分原因是不同的文化形成了不同的词汇，还有一部分原因是，尽管有相当数量是通用性术语，但是每一位品茶者和专家还是会有自己的见解。

评价茶叶外观的词汇

- 身骨：茶叶叶子的外观，老嫩、肥厚瘦薄、色泽深浅。一般来说，鲜嫩、肥厚的茶叶是最好的。
- 茶毫：茶叶嫩芽背面生长的一层细绒毛被称为“白毫”；如果芽头的背面有几个毫尖，称为“茶毫”，颜色可以是金毫、银毫或者灰毫。
- 干茶：未被浸泡的干茶叶。
- 次茶：叶片两边切口边缘粗糙、切割不佳的茶叶。
- 重实：茶叶条索或颗粒紧结，以手权衡有重实感。
- 叶底：倒出茶汤之后浸泡过的茶叶。
- 茶末：揉卷后的茶叶碎末，一般是低质量的茶叶，用于生产茶包。
- 芽头：柔嫩的芽尖，背面生长着一层细绒毛，尚未长成完整的展叶。
- 嫩叶：主要以茶叶的芽头为主，一芽一叶或者一芽两叶，紧圆、直、多芽毫、有锋苗。
- 非匀称叶：形状或厚度不均的叶子。
- 匀整：茶叶的形状匀称，无论是叶子大小、长短、轻重都很一致。

评价茶叶色泽的术语

- 青褐：色泽青褐色带灰光。
- 鲜亮：茶叶色泽明亮、鲜活。
- 均匀：色泽明亮、一致。
- 墨绿：天鹅绒般匀称的深绿色，泛黑。
- 草绿：浅绿色，表示陈茶或质量差的茶叶，或者没有成功抑制住茶叶的酶的活性。
- 无光泽：典型的粗老、光泽暗淡的茶叶。
- 花杂：指叶色不匀称、杂乱。
- 翠绿：有光泽的翡翠绿色。
- 锈色：暗红色、无光泽。

评价茶叶香气的术语

- 清香：在嘴中感受到的弥漫的香气。
- 馥郁：鼻子嗅闻到的持久的芬芳之香气。
- 焦香：没有抑制住茶叶的酶的活性或者加热、烘干不当引起的焦味。
- 幽雅：香气幽雅，不掺杂味。
- 淡香：优雅清淡的花香香气，没有特别突出的某种花香。
- 草香：青草与树叶的香味。
- 甘醇香：一种纯粹的、均衡的香气。
- 甜香味：甜甜的香气，类似于蜂蜜或糖浆，又有荔枝的香味。
- 米香：类似天然玉米爆米花的香味，是烤茶的典型香味。
- 菜香：类似新鲜水煮白菜的气味，这个词经常被用来形容绿茶。

评价茶叶汤色的术语

- 清亮：茶汤清澈、透亮。
- 绿艳：丰富的绿色与黄色的色调，鲜艳透明，这是高品质绿茶的颜色。
- 混暗：茶汤不清澈，有沉淀物。
- 金黄：茶汤清澈，以黄为主，带有橙色、金色的清亮色泽。
- 绿黄：绿中微黄。
- 浅黄：汤色黄而浅。
- 橙红：深黄色带红。
- 茶汤：在技术术语中，你喝的茶饮就是茶汤。
- 红汤：炒过头的茶叶或者陈茶的汤色，带或浅或暗的红色。
- 黄绿：黄中带绿。

对茶汤滋味的评判术语

- 涩：由于非氧化多酚（在绿茶中很典型）与唾液中的蛋白质反应，能使嘴巴发干。
- 苦：一种强烈的苦与酸的香味，能使味蕾略感迟钝。
- 清爽：一种强烈的、提神的、清新的滋味。
- 粗酸：一种未成熟的强烈的酸涩味，通常是由于烘干不足造成的。
- 粗淡：滋味淡薄，带有苦味。
- 鲜爽：清香可口，用来表示微酸性的茶，在唇齿间留下清新的口感。
- 味厚：茶汤浓郁、口感饱满。
- 鲜醇：香气浓厚，味道浓郁，不甜腻。
- 青酸：浓而带酸的青草味。
- 麦芽香：有麦芽香味，是高品质茶的特质之一。
- 金属味：严重枯萎的茶的典型不悦之味。
- 持性：茶香在口中持久绵长。
- 七里香：涩而不苦的滋味。
- 纯正细腻：陈香但不过于浓厚。
- 幽雅：微妙的、复杂的滋味和香气。
- 圆润：口感相对饱满。
- 半甜：甘甜、均衡的香气。
- 烟熏：用烟熏的方式烘干茶叶，带有一种烟熏的香气。
- 浓郁：深色茶所特有的浓郁、苦中带涩的滋味。
- 幽香：微妙而复杂的芳香气息。
- 甜味：略带甘甜味道却没有涩味。
- 茶单宁：茶汤中含有丰富的茶单宁酸或者茶多酚的味道。
- 无味或者淡薄：受潮之茶的淡薄、无质感的味道。
- 鲜味：由味蕾感知的五种基本味道之一（其他滋味分别是甜、咸、苦、酸）。在亚洲厨艺中，鲜味常常用来描述味精的滋味，在某些日本绿茶中能够品尝出鲜味。
- 醇厚：非常和谐的滋味，令人联想起滑润的感觉。
- 寡薄：冲泡不足导致茶汤滋味淡薄。

作者简介

法比奥·波得罗尼 1964年出生在意大利安科纳省科里纳尔多，目前在米兰生活和工作。他学习摄影，后来与摄影界最著名的专业人士合作。他的职业生涯很快就使他专注于人像和静物摄影，渐渐形成了直观又严谨的摄影风格。多年来，他拍了意大利文化、医疗和经济领域中的杰出人物；他与广告业龙头公司合作，为享誉全球的企业和公司策划了众多商业活动；他还亲自打理意大利几大品牌形象。在白星出版社，他已经出版了数部专题摄影作品：《马：大师摄影》（2010年），《天真生活！》（2011年），《鸡尾酒、玫瑰和超级猫！》（2012年），《兰花与辣椒：火辣辣的激情时刻》（2013年）。作为国际障碍赛骑师俱乐部（IJRC）的官方摄影师，他负责国际性的马术比赛视觉传达方面的事务。详见 www.fabiopetronistudio.com

凯碧欧拉·隆巴迪 1974年出生在亚历山大，她在米兰生活、工作。她大学求学来到了西班牙南部的格拉纳达，那是一座弥漫着浓郁阿拉伯文化氛围的城市，传统茶室飘出的茶香让人沉醉。

正是在这里，她对茶以及与茶相关的种种仪式渐渐产生了浓厚的兴趣，发展到对茶情有独钟。她回到意大利之后，在意大利最著名的机构担任公关。生育了两个孩子之后，2010年她决定换一种活法，实现自己的梦想，开设了“茶轩工作室”。这是米兰的第一家茶室，配备专门的茶叶厅，客人可以品尝、购买珍贵名优茶叶。隆巴迪还是一位好奇心极强的环球旅行家，她定期去中国——魅力无穷的茶饮发源地，去发掘茶之艺术背后的奥秘，丰富自己的茶叶知识，提升茶艺技能。《茶》是她出版的第一本书。

乔瓦尼·吕吉耶 厨师，1984年出生在伯利恒，却在皮埃蒙特长大。他在意大利的米其林星级厨房受过专业训练，例如阿尔巴的大教堂广场和特伦托的大教堂后厨。他在米兰布雷拉区极简餐厅担任主厨，这是一家优雅的高级餐厅。吕吉耶致力于传播再创新的食物烹饪方法，制作简单，强调采用高品质的食材原料，精心挑选有益健康的当季食材。吕吉耶大厨提供正宗的经典菜肴，推出很多独具地方风味的小众风味佳肴；他烹制的菜肴，原汁原味、清淡均衡，对食材品质的要求极为严苛。

索　引

专有名词索引（按照汉语拼音排序）

食谱配料的索引（按照汉语拼音排序）

照片来源：

本书中所有照片，除第 22 页照片由玛丽·埃文斯图片库提供、汉字“茶”照片由 iStockphoto 图片库的乔伊·陈提供外，其他均由法比奥·波淂罗尼提供。

图书在版编目（CIP）数据

茶 /（意）隆巴迪著 ;（意）彼得罗尼摄 ; 徐焰译
. -- 北京 : 中国摄影出版社 , 2014. 11
ISBN 978-7-5179-0208-9

Ⅰ. ①茶… Ⅱ. ①隆… ②彼… ③徐… Ⅲ. ①茶叶—文化 Ⅳ. ①TS971

中国版本图书馆 CIP 数据核字（2014）第 262520 号

北京市版权局著作权合同登记章图字：01-2014-5271 号

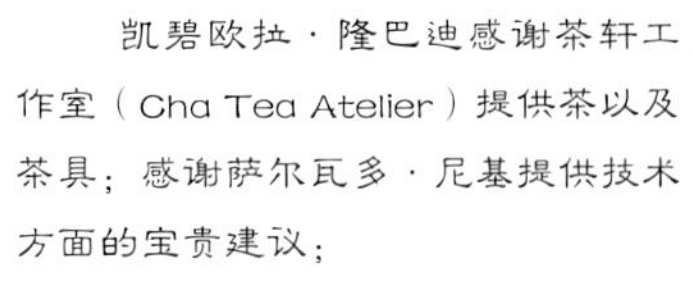
凯碧欧拉·隆巴迪感谢茶轩工作室（Cha Tea Atelier）提供茶以及茶具；感谢萨尔瓦多·尼基提供技术方面的宝贵建议；

感谢瓦伦提娜·梅基亚的富有感染力的乐观；

感谢艾托雷、艾琳娜和艾玛——她人生中的伴侣和最伟大的支持者

法比奥·波得罗尼感谢摄影助理西蒙娜·贝尔加马斯基；感谢艺术总监克里斯蒂安·吉内利；

感谢米兰高科技提供辅助设备。

感谢乔瓦尼·吕吉耶大厨倾情奉献精美茶点食谱。

Original title: Tea Sommelier

茶

作　　者：【意】凯碧欧拉·隆巴迪 / 文
　　　　　法比奥·彼得罗尼 / 摄
译　　者：徐　焰
出 品 人：赵迎新
责任编辑：常爱平　杨小华
版权编辑：黎旭欢
封面设计：衣　钊
出　　版：中国摄影出版社
　　　　　地址：北京东城区东四十二条 48 号　邮编：100007
　　　　　发行部：010-65136125　65280977
　　　　　网址：www.cpph.com
　　　　　邮箱：distribution@cpph.com
印　　刷：北京方嘉彩色印刷有限责任公司
开　　本：16
纸张规格：889mm×1194mm
印　　张：15
字　　数：180 千字
版　　次：2015 年 1 月第 1 版
印　　次：2015 年 1 月第 1 次印刷
ISBN　978-7-5179-0208-9
定　　价：128.00 元